essentials

essentials liefern aktuelles Wissen in konzentrierter Form. Die Essenz dessen, worauf es als „State-of-the-Art" in der gegenwärtigen Fachdiskussion oder in der Praxis ankommt. *essentials* informieren schnell, unkompliziert und verständlich

- als Einführung in ein aktuelles Thema aus Ihrem Fachgebiet
- als Einstieg in ein für Sie noch unbekanntes Themenfeld
- als Einblick, um zum Thema mitreden zu können

Die Bücher in elektronischer und gedruckter Form bringen das Expertenwissen von Springer-Fachautoren kompakt zur Darstellung. Sie sind besonders für die Nutzung als eBook auf Tablet-PCs, eBook-Readern und Smartphones geeignet. *essentials:* Wissensbausteine aus den Wirtschafts, Sozial- und Geisteswissenschaften, aus Technik und Naturwissenschaften sowie aus Medizin, Psychologie und Gesundheitsberufen. Von renommierten Autoren aller Springer-Verlagsmarken.

Weitere Bände in der Reihe http://www.springer.com/series/13088

Werner Roddeck

Bondgraphen

Modellbildung und Simulation dynamischer Systeme

Werner Roddeck
Fachbereich Mechatronik und
Maschinenbau, Hochschule Bochum
Bochum, Deutschland

ISSN 2197-6708 ISSN 2197-6716 (electronic)
essentials
ISBN 978-3-658-25920-4 ISBN 978-3-658-25921-1 (eBook)
https://doi.org/10.1007/978-3-658-25921-1

Die Deutsche Nationalbibliothek verzeichnet diese Publikation in der Deutschen Nationalbibliografie; detaillierte bibliografische Daten sind im Internet über http://dnb.d-nb.de abrufbar.

Springer Vieweg

Springer Vieweg ist ein Imprint der eingetragenen Gesellschaft Springer Fachmedien Wiesbaden GmbH und ist ein Teil von Springer Nature
Die Anschrift der Gesellschaft ist: Abraham-Lincoln-Str. 46, 65189 Wiesbaden, Germany

Was Sie in diesem *essential* finden können

- Sie lernen, dass es im Grunde keine statischen Vorgänge gibt, sondern Veränderung in fast allen physikalischen Vorgängen enthalten ist
- Sie werden mit dem Modell eines Systems als Grundlage jeder Vorhersage seines Verhaltens bekannt gemacht
- Weil Newton noch nicht wusste, was Energie ist, wurde diese allen dynamischen Vorgängen zugrunde liegende Rechengröße bisher in der Modellbildung unterbewertet
- Die moderne Methode der Modellbildung mit Bondgraphen ist objektorientiert und erleichtert das Verständnis dynamischer Prozesse
- Sie lernen die grundlegenden Elemente eines Bondgraphen kennen und wie man damit den Bondgraphen eines Systems erstellt
- Sie können mithilfe eines Simulationssystems selber physikalische dynamische Systeme untersuchen

Inhaltsverzeichnis

Einleitung 1

Der Ausdruck *panta rhei* (altgriechisch πάντα ῥεῖ, deutsch „alles fließt") ist ein auf den griechischen Philosophen Heraklit zurückgeführter, von Platon erwähnter Aphorismus zur Kennzeichnung der heraklitischen Flusslehre. Diese besagt: *Alles fließt und nichts bleibt; es gibt nur ein ewiges Werden und Wandeln.*

Diese Charakterisierung aller Wesen und Objekte unserer realen Umwelt beinhaltet die Erkenntnis, dass Veränderung das Kennzeichen aller *Systeme* ist. Der Systembegriff hat sich in den letzten Jahrzehnten als Konzept einerseits zur Behandlung technischer Objekte als auch viel umfassenderer Forschungsgebiete, wie beispielsweise das „ökologische System", verbreitet. Dabei kann es sich um ein deutlich durch körperliche Objekte abgegrenztes System wie einen Pkw handeln, aber auch um etwas nicht unmittelbar greifbares wie ein „Verkehrssystem". Zu einem solchen System gehören neben Pkws auch Straßen, Verkehrsschilder, Lichtzeichen-Anlagen und weiterhin Menschen und Verkehrsregeln.

Daher ist eine Definition des Begriffs System sehr umfassend:

Ein System ist ein von seiner Umgebung in irgendeiner Weise abgegrenzter Gegenstand. Die Abgrenzung eines Systems ergibt sich häufig nicht aus seinen physikalischen Grenzen, sondern aus der Fragestellung der Systembetrachtung.

In der Technik werden Systeme prinzipiell in ***statische*** und ***dynamische Systeme*** eingeteilt. Dabei bedeutet ***statisch*** „im gleichen Zustand verharrend, unbewegt, unverändert" und ***dynamisch*** „voll innerer Bewegung, mit schneller Veränderung". Nimmt man die Lehre von Heraklit ernst, so kann es so etwas wie ein statisches System gar nicht geben. Häufig erscheint es uns Menschen mit unseren eingeschränkten Sinneswahrnehmungen nur so, als sei ein System statisch. Befindet sich vor uns auf dem Boden in unbewegter Lage ein solider Stein, so könnte man diesen als statisches System auffassen. Kurzfristig und kleinräumig schwingen seine Moleküle aber um messbare, von uns nicht wahrnehmbare

W. Roddeck, *Bondgraphen*, essentials,
https://doi.org/10.1007/978-3-658-25921-1_1

Beträge, um Positionen in ihrem Kristallgitter und großräumig bewegt sich der Stein mit der Erde um die Sonne. Langfristig verändert sich das Äußere des Steins durch Verwitterung. Wie Abb. 1.1 zeigt, bewegen sich sogar Steine in der Wüste ohne sichtbare äußere Einflüsse im Laufe von Jahren um viele Meter.

Obwohl also statische Systeme gar nicht existieren, werden sie in der Physik gerne als solche behandelt. Dies beruht darauf, dass man den zukünftigen Zustand oder das Verhalten des Systems voraussagen möchte. Dies geschieht in der Regel so, dass man in Gedanken ein ***Modell*** des Systems entwickelt, dessen Eigenschaften denen des realen Systems weitgehend entsprechen. Häufig besteht das Modell aus einer oder mehreren mathematischen Gleichungen, die die Modellvorstellungen enthalten. Diese Modellgleichungen fallen bei statischen Systemen deutlich einfacher aus als bei dynamischen Systemen. Das liegt daran, dass „statisch" unveränderlich bedeutet und damit eine Vorhersage des Systemverhaltens in der Zukunft nicht von der Zeit abhängt.

Die Vereinfachung in Form der Unveränderlichkeit ist beispielsweise in der Technik sinnvoll, wenn die Annahme, dass das System zeitlich unveränderlich ist,

Abb. 1.1 Wandernder Stein im Death Valley. (Quelle: Jon Sullivan, Wikipedia/CCO)

für den beabsichtigten Zweck einen vernachlässigbar kleinen Fehler hervorruft. Vor allem in der Zeit, bevor leistungsfähige Digitalrechner zur Verfügung standen, führte die Vorausberechnung von „statischen Systemen" in der Technik zu deutlich geringerem Rechenaufwand, oder machte die Berechnung überhaupt erst möglich. Möchte man beispielsweise die Position des wandernden Steins in einer Stunde bestimmen, so ist der Fehler sicher verschwindend gering, wenn man diese zum jetzigen Zeitpunkt misst und dieselbe Position für den Zeitpunkt $t+1$ h annimmt. Ähnlich ist es bei einem massiven Gebäude, das Sinnbild eines statischen Systems. Es bewegt sich zwar mit der Erde um die Sonne, aber relativ zum Untergrund führt es keine Bewegung aus. Auch hier weiß man natürlich, dass sich das ändern kann, z. B. durch Windkräfte oder Erdbeben.

Alle sich innerlich oder äußerlich bewegenden Systeme sind daher ***dynamische Systeme.*** So ist unmittelbar einleuchtend, dass ein Objekt, das sich gegenüber seiner Umgebung bewegt, in der Regel zukünftig eine andere Position in der Umgebung haben wird. Dabei ist es weiterhin von Bedeutung, in welcher Weise sich das Objekt im betrachteten Zeitraum bewegt. Auch hierbei gibt es vereinfachende Modellvorstellungen wie beispielsweise die ***gleichförmige Bewegung.*** Eine derartige Bewegung kommt in der realen Welt ebenfalls nicht vor, aber das mathematische Modell einer solchen Bewegung ist eine einfache algebraische Gleichung ($s = v \cdot t$), deren Wert sich problemlos berechnen lässt. In der Regel ist das Weg-Zeit-Gesetz (mathematisches Modell) eine ***nichtlineare Funktion,*** zu deren genauen Berechnung bereits die Integralrechnung erforderlich ist. Häufig wird dann zur einfacheren Berechnung eine Linearisierung der Funktion vorgenommen, um die automatische Regelung eines solchen Vorgangs zu vereinfachen. In den folgenden Kapiteln wird nun die Bondgraphen-Methode beschrieben, die ausdrücklich auch nichtlineare Zusammenhänge zulässt und Modelle verwendet, die intuitiv leicht verständlich sind. Die zugehörigen mathematischen Modelle werden rechnergestützt automatisch aufgrund der Eigenschaften dieser grafischen Methode berechnet.

2 Entwicklung der Physik

Einer der ersten Naturforscher, der die Basis für die heutige Physik legte, war Galileo Galilei (1564–1642). Er entwickelte die Methode, die Natur durch die Kombination von Experimenten, Messungen und mathematischen Analysen zu erforschen und wurde damit einer der wichtigsten Begründer der neuzeitlichen exakten Naturwissenschaften.

An der Schwelle zur Neuzeit waren es vor allem zwei wichtige Naturwissenschaftler, nämlich Sir Isaac Newton (1643–1727) und Gottfried Wilhelm Leibniz (1646–1716), die wesentliche Impulse zur Entwicklung von Mathematik und Physik gaben. Im Jahre 1687 veröffentlichte Newton sein Hauptwerk zur Physik, die „Philosophiae Naturalis Principia Mathematica" (Mathematische Grundlagen der Naturphilosophie). Darin fasste er die Forschungen Galileis zur Beschleunigung, die von Descartes (1596–1650) zum Trägheitsproblem und die von Kepler (1571–1630) zu den Planetenbewegungen zu einer Theorie der Gravitation zusammen. Dadurch, dass er die drei Grundgesetze (Newton'sche Axiome) der Bewegung formulierte, schuf er die ersten allgemeingültigen Grundlagen der klassischen Mechanik.

Zu Lebzeiten dieser beiden Wissenschaftler waren der Begriff der ***Energie*** und die Phänomene der Elektrotechnik und des Magnetismus noch völlig ungeklärt, jedoch vertraten sowohl Newton als auch Leibniz gewisse unterschiedliche Ansichten zu der physikalischen Größe Energie.

So ging Newton davon aus, dass die Energie der Bewegung (kinetische Energie) direkt der Geschwindigkeit proportional sei:

$$E_{\text{kin}} = m \cdot v^1$$

Leibniz jedoch führte zu dieser Fragestellung aus:

W. Roddeck, *Bondgraphen*, essentials,
https://doi.org/10.1007/978-3-658-25921-1_2

Die Kräfte haben zweifache Natur, nämlich tote und lebendige. Die tote Kraft hängt vom Ort oder von der Stellung ab und die lebendige Kraft ist proportional zum Quadrat der Geschwindigkeit. Die Summe der beiden Kräfte im Universum ist konstant.

Ersetzt man den von Leibniz benutzten Begriff „Kraft“ durch „Energie“, so wird der Energieerhaltungssatz für die potenzielle (tote Kraft) und die kinetische Energie (lebendige Kraft) formuliert:

$$E_{\text{pot}} = \text{const} \cdot x^1 \qquad\qquad E_{\text{kin}} = m \cdot v^2$$

Daraus entwickelte Leibniz aber keine praktischen Folgerungen und Newton als anerkannte Kapazität und Entwickler der Punktmechanik dominierte in der Folge die Entwicklung der Lehre von den mechanischen, dynamischen Prozessen. Obwohl nachfolgende Forscher den Ansatz zur Erklärung von Problemstellungen der Mechanik mithilfe des Energiebegriffs vielversprechend fanden, setzte sich die Anwendung von Newtons 3. Axiom (actio = reactio) als Lösungsansatz durch.

Der erste Wissenschaftler, der die Mechanik auf dem Konzept „Energie“ aufbaute, war der italienische Mathematiker J. L. Lagrange (1736–1813). Im Jahr 1788 veröffentlichte er sein Buch „Mechanique Analytique“, in dem er versuchte, die Behandlung mechanischer Probleme von provisorischen Tricksereien, geometrischen Konstruktionen und intuitivem Vorgehen zu befreien.

Endgültige Klärung erlangte der Energiebegriff erst Mitte des 19. Jahrhunderts. Im 18. und 19. Jahrhundert wurden dann durch Forscher wie Faraday, Maxwell und Ohm auch die elektrischen und magnetischen Phänomene erklärt. Diese über eine Periode von fast 200 Jahren andauernde schrittweise Erklärung der unterschiedlichen physikalischen Phänomene durch Forscher der unterschiedlichsten Nationen führte dazu, dass die Zusammenhänge zwischen den Fachgebieten der Physik sich erst Schritt für Schritt klärten und auf jeder Stufe unterschiedliche Bezeichnungen, Darstellungsweisen und physikalische Größen eingeführt wurden.

Diese Form der uneinheitlichen Erklärung dynamischer Phänomene in den unterschiedlichen Wissenschaftsdisziplinen oder ***Domänen,*** führte zu Problemen im Ingenieurstudium, die dann auch zur Aufsplitterung in der Ausbildung beispielsweise in die Fachgebiete Maschinenbau und Elektrotechnik führten und heute durch das Fachgebiet Mechatronik wieder zusammengeführt worden sind.

Im 20. Jahrhundert nahm die Vielfalt der Wissensgebiete in den Ingenieurwissenschaften immer weiter zu und im Bereich der Dynamik wurde die Betrachtungsweise von Objekten der Technik als ***Systeme*** entwickelt. Deren Eigenschaften werden durch mathematische ***Modelle*** beschrieben, um technische Systeme vor ihrer Realisierung berechnen und simulieren zu können. Betrachtet man jedoch zwei im Grunde vergleichbare Systeme unterschiedlicher Domänen, beispielsweise aus den Bereichen Elektrotechnik und Mechanik, so sind die Namen von Komponenten der Systeme und die der zugehörigen physikalischen Größen, sowie die mathematischen Modelle verschieden. Wir werden später sehen, dass man mit der domänenunabhängigen Beschreibung durch sogenannte ***Bondgraphen*** identische Größen und Darstellungsweisen verwenden kann.

Die zunehmende Vielfalt von technischen Produkten und Prozessen zu überblicken und zu behandeln, hatte neben den mathematischen Beschreibungsformen auch schon eine Vielfalt grafischer Methoden wie ***Netzpläne, Blockdiagramme*** oder ***lineare Graphen*** hervorgebracht. Solche grafischen Darstellungen sind für das intuitive Vorstellungsvermögen von Menschen besser geeignet als komplizierte verbale oder mathematische Beschreibungen. Es fehlte jedoch eine Beschreibungsmethode, die eine einheitliche Darstellung von technischen Systemen ermöglichen konnte, deren Bauelemente aus unterschiedlichen Domänen stammen.

Im Jahre 1959 entwickelte H.M. Paynter (1923–2002), damals Professor am Massachusetts Institute of Technology (MIT) die Methode der Modellierung von dynamischen Systemen mit ***Bondgraphen.*** Die Bondgraph-Methode wurde von Paynters beiden ehemaligen Doktoranden D. Karnopp und D. Margolis, sowie von R. Rosenberg weiter ausgearbeitet und wird heute weltweit von vielen Forschern in Hochschulen und in der Industrie eingesetzt. In Deutschland beginnt sich der Einsatz gerade erst zu etablieren, es gibt bereits Standardwerke, die sich eher mit dem Informatikhintergrund befassen, aber auch mehr anwendungsbezogene Bücher, die den Einsatz in der Entwicklung in der Industrie dokumentieren (s. Literatur).

3 Bondgraphen

Die von H. M. Paynter entwickelte Methodik der Bondgraphen stellt den Versuch dar, eine einheitliche Beschreibungsform physikalischer Systeme aus den unterschiedlichsten Domänen zu erhalten. Als ***Domänen*** werden die unterschiedlichen Fachgebiete der Physik wie beispielsweise Elektrotechnik oder Mechanik bezeichnet. Diese Darstellungsform ist unabhängig von einer speziellen Fachgebietssicht und geht davon aus, dass ein System sich aus Subsystemen, Komponenten und Bauelementen zusammensetzt, die untereinander ***Energie*** austauschen. Charakteristisch ist dabei das Fließen von Energie, d. h. die Leistungsübertragung zwischen den Systemkomponenten. An jedem Punkt innerhalb des Systems gilt natürlich der ***Energieerhaltungssatz.***

In allen Domänen ist die ***Leistung P*** das Produkt zweier charakteristischer Größen des Fachgebietes:

elektrisch $P = U \cdot i$
mechanisch (Translation) $P = F \cdot v$ (Rotation) $P = M \cdot \omega$
hydraulisch $P = p \cdot \dot{V}$
thermodynamisch $P = T \cdot \dot{S}$.

Die beiden Größen, deren Produkt die Leistung ergeben, werden in der Methodik der Bondgraphen als ***Effort*** *„e"* (engl. Anstrengung) und ***Flow*** *„f"* (engl. Fluss) bezeichnet. Andere im Deutschen üblichere Begriffe wären Effort = Ursache und Flow = Wirkung.

Tab. 3.1 führt die in unterschiedlichen Domänen verwendeten Effort- und Flowgrößen auf. Ein Bondgraph besteht aus grafischen Elementen, die jeweils einen physikalischen Prozess oder ein Subsystem eines Gesamtsystems repräsentieren, welche durch Leistungsflüsse untereinander verbunden sind. Die Subsysteme können, da die Methodik ***objektorientiert*** arbeitet, im einfachsten Fall mit ihren

W. Roddeck, *Bondgraphen,* essentials,
https://doi.org/10.1007/978-3-658-25921-1_3

Tab. 3.1 Effort- und Flowgrößen der unterschiedlichen Domänen

Domäne	Effort	Flow
Elektrotechnik	Potenzial (Spannung) U	(elektrischer) Strom i
Mechanik	Kraft F	Geschwindigkeit v
Fluidtechnik	Druck p	Volumenstrom $\dot{V}$
Chemie	Chemisches Potenzial	Molarer Fluss
Thermodynamik	Temperatur T	Entropiefluss $\dot{S}$

Namen in einen sogenannten ***Wortgraphen*** eingesetzt und durch Linien, die für Leistungsflüsse stehen, miteinander verbunden werden. Eine solche Verbindung wird als ***Bond*** (engl. Verbindung) bezeichnet. In Abb. 3.1 ist ein Beispiel für ein System (hier das Antriebs- und Fahrwerkssystem eines Pkw) und seine Umsetzung in einen Wort-Bondgraphen dargestellt. An dem Pkw-Schema in Teilbild 3.1a) sind

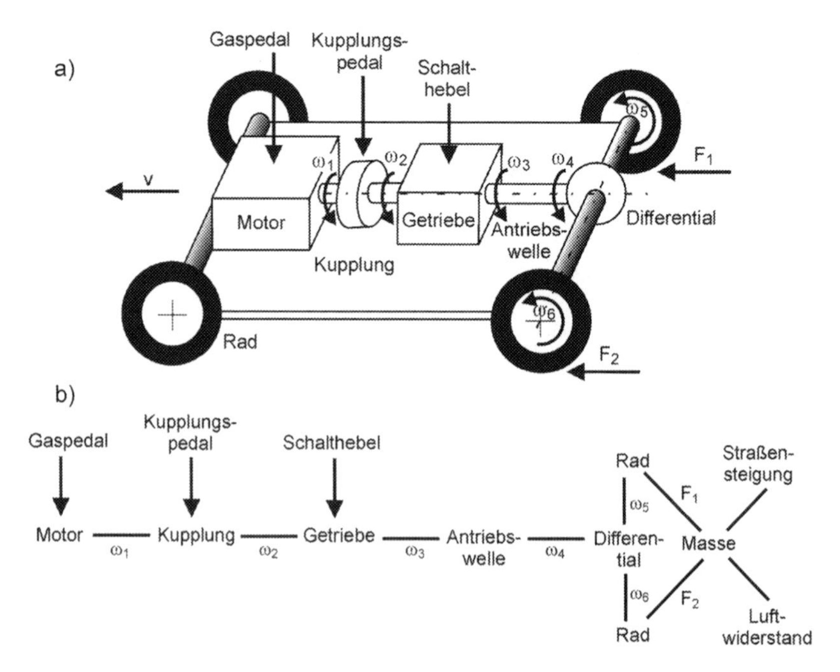

Abb. 3.1 Wort-Bondgraph des Antriebsstrangs eines Pkw

zusätzlich zu den Systembaugruppen noch mechanische Effort- (*F*) und Flow-Größen (*v*, ω) und Stellsignale, die vom Fahrzeugführer erzeugt werden, eingetragen. Der Bondgraph in Teil bild 3.1b) enthält die gleichen Baugruppen wie das Fahrzeugschema, die aber hier nur durch den Namen der Baugruppe symbolisiert werden. Ausgehend vom Motor erfolgt von links nach rechts ein Leistungsfluss zu den Antriebsrädern.

Der Leistungsfluss zwischen zwei Wortelementen wird durch einen ***Leistungsbond*** dargestellt, eine Linie, die nach Kenntnis der Flussrichtung auch durch ein Richtungssymbol in Form eines ***Halbpfeils*** dargestellt werden kann (Abb. 3.2), um den Leistungsbond von einem normalen Pfeil zu unterscheiden.

Wie man in Abb. 3.1b) sieht, kommen normale Pfeile ebenfalls in Bondgraphen vor, stehen hier aber nicht für Leistungsflüsse, sondern werden als ***Informationsbonds*** bezeichnet. Sie werden dort verwendet, wo eine Information in Form eines Signals übertragen wird, bei dem die Leistungsübertragung von unwesentlicher oder gar keiner Bedeutung ist. So steuert zwar das Gaspedal den Leistungsfluss vom Motor in den Antriebsstrang, für die Betrachtung des Fahrverhaltens des Pkw spielt aber die vom Fahrzeugführer dafür aufgewendete Leistung keine Rolle.

Liegt der Bond in waagerechter Richtung, so kann man die zu dem Leistungsfluss entlang des Bonds gehörende Effort-Größe oberhalb und die Flow-Größe unterhalb des Bonds notieren (Abb. 3.2b), oder bei senkrechten Bonds entsprechend links und rechts. In dem Bondgraphen Abb. 3.2b) sind als Flow-Größen die Winkelgeschwindigkeiten und als Effort-Größen die Kräfte notiert. Die Tatsache beispielsweise, dass am linken Ende der Antriebswelle eine andere Winkelgeschwindigkeit (ω_3) als am rechten Ende (ω_4) notiert ist, zeigt, dass im Modell die Welle als elastisches Element angenommen wird, sodass im dynamischen Fall die beiden Winkelgeschwindigkeiten, wegen der Torsion der Welle, unterschiedliche Werte annehmen können.

Der Wortgraf stellt bereits eine vollständige grafische Darstellung des Systems in objektorientierter Weise dar, der in dieser Form aber noch nicht geeignet ist, um daraus auch ein ***mathematisches Modell*** ableiten zu können, mit dem man später automatisierte Simulationen durchführen kann. Deshalb werden in der Bondgraphen-Methodik ***Standard-Bauelemente*** mit genau definierten mathematischen Eigenschaften anstelle der Wortelemente verwendet. Diese

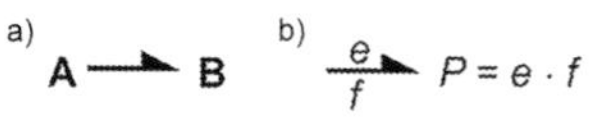

a) A ⇀ B   b) $\overset{e}{\underset{f}{\rightharpoonup}}$ $P = e \cdot f$

Abb. 3.2 Gerichtete Leistungsbonds **a)** zwischen den Wortelementen **b)** Notation von Effort *e* und Flow *f*

Standard-Bauelemente und ihre Verbindungen untereinander liefern dann das mathematische Modell für die rechnergestützte Simulation.

Welche unterschiedlichen Grundelemente es geben muss, kann man leicht aus der Betrachtung von Leistungsflüssen durch ein System ableiten. Es kann

- Leistung in ein System hineinfließen oder aus ihm herausfließen.
- Leistung im System erzeugt oder verbraucht werden. Leistung im System gespeichert werden.
- Leistung von einer in eine andere Energieform umgewandelt werden.

Beispiele zu den oben aufgeführten Leistungstypen sind:

- Elektrische Leistung fließt in einen Elektromotor durch Anschluss an eine Spannungsquelle. Darin wird elektrische in mechanische Energie umgewandelt. Diese fließt anschließend an der Antriebswelle aus dem Motor.
- Durch Verbrennen von Brennstoffen in einem System wird Wärmeenergie erzeugt.
- Durch Reibung geht mechanische Bewegungsenergie verloren (wird verbraucht).
- Ein Kondensator speichert elektrische Energie.

Elemente von Bondgraphen

4

4.1 Leistungsverbrauch

Das erste grundlegende Element, das in der Regel Energie der jeweiligen Domäne ***dissipiert*** und damit in Wärmeenergie umwandelt, ist das ***R-Element.*** In Bondgraphen wird es anstelle eines Wortes durch den Großbuchstaben „R" repräsentiert, wobei diese Bezeichnung sich von dem typischen dissipativen Element der Domäne Elektrotechnik, dem elektrischen Widerstand (**R**esistor) herleitet.

In ein solches Bauelement fließt Energie der jeweiligen Domäne und wird in der Regel in Form von Wärme oder auch in anderen Energieformen abgegeben, da das R-Element keine Energie speichern kann.

Abb. 4.1 zeigt einige Beispiele für R-Elemente aus drei verschiedenen Domänen. Im Teilbild a) ist das in Bondgraphen verwendete Symbol dargestellt, ein R, in das ein Bond als Halbpfeil in sehr stilisierter Form hineinführt. Unter dem R kann eine erläuternde Bezeichnung (hier $R1$) stehen. Wie bereits erwähnt, werden Effort und Flow über und unter dem Halbpfeil notiert. Für R-Elemente gilt als mathematisches Modell die ***konstituierende Gleichung*** (Definitionsgleichung):

$$e = R \cdot f$$

Das bedeutet nichts anderes, als dass der Effort dem Flow proportional ist, wobei der Proportionalitätsfaktor dem Wert von „R" entspricht.

In Teilbild 4.1b) ist als Beispiel aus der Domäne Elektrotechnik ein elektrischer Widerstand abgebildet, an dem die Spannung U anliegt, was den Strom i zur Folge hat. Für einen reinen Ohm'schen Widerstand gilt das Ohm'sche Gesetz,

$$U = R \cdot i \equiv e = R \cdot f$$

W. Roddeck, *Bondgraphen*, essentials,
https://doi.org/10.1007/978-3-658-25921-1_4

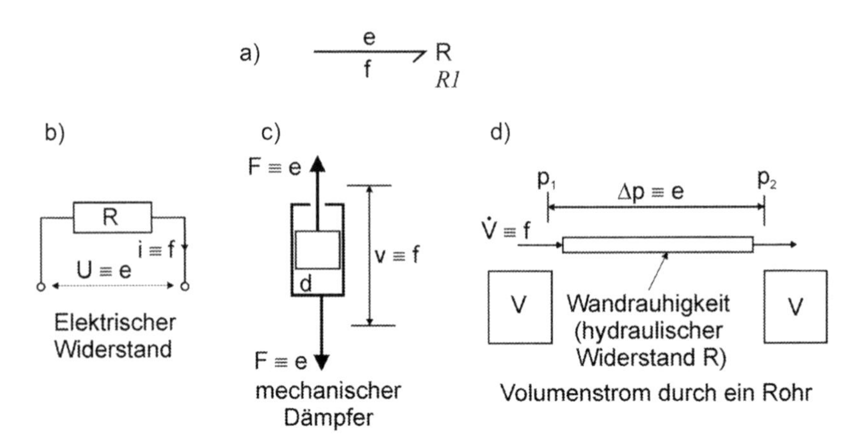

Abb. 4.1 R-Element **a)** Symbol in Bondgraphen **b)** elektrischer Widerstand **c)** mechanischer Dämpfer **d)** Durchfluss in einem Rohr

in welchem man leicht die elektrotechnische Variante der konstituierenden Gleichung für ein R-Element wiedererkennt.

In Teilbild 4.1c) ist als Beispiel aus der Mechanik, der viskose Dämpfer, dargestellt.

Für diesen gilt, dass die Dämpferkraft F der Geschwindigkeit v der Bewegung proportional (Proportionalitätsfaktor d: Dämpfungskonstante) ist.

$$F = d \cdot v \equiv e = R \cdot f$$

Aufgrund der Kenntnis, welche Variablen dieser Domäne den Effort und den Flow darstellen, lässt sich auch hier leicht die Identität der charakteristischen Gleichung des viskosen Dämpfers mit der konstituierenden Gleichung des R-Elementes feststellen.

Als drittes Beispiel aus der Hydraulik ist der Volumenstrom $\dot{V}$ durch ein Rohr in Teilbild 4.1d) dargestellt. Hier gilt, dass der Druckabfall Δp entlang des Rohres proportional zum Volumenstrom ist:

$$\Delta p = R \cdot \dot{V} \equiv e = R \cdot f$$

Das Formelzeichen R steht hier für den hydraulischen Widerstand.

Für die Leistung, die in einem R-Element dissipiert wird, gilt:

$$P(t) = e(t) \cdot f(t)$$

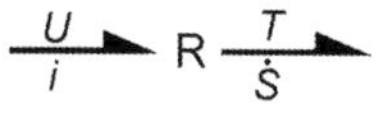

Abb. 4.2 R-Element mit zwei Leistungsbonds

$$\frac{U}{i} \rightharpoonup R \frac{T}{\dot{S}} \rightharpoonup$$

Daraus kann man wiederum leicht die für einen elektrischen Verbraucher bekannte Gleichung für die Leistung ableiten:

$$P(t) = U(t) \cdot i(t)$$

Da, wie oben erwähnt, das ideale R-Element keine Energie speichert, stellt sich die Frage, wo die hineingeflossene Energie verbleibt. Diese Frage ist leicht zu beantworten: sie wird hauptsächlich in Wärmeenergie umgewandelt. Hier zeigt sich wiederum der Vorteil der am Leistungsfluss orientierten Bondgraphen-Methodik. Interessiert bei der Modellbildung die abfließende Wärmeenergie nicht, so gilt die oben gezeigte Darstellung des R-Elementes mit nur einem Leistungsbond. Ist die Wärmeenergie jedoch von Bedeutung, so kann man das R-Element (Abb. 4.2) problemlos so erweitern, dass ein weiterer Bond die Wärmeleistung bei der Temperatur T in Form eines Entropiestroms $\dot{S}$ abführt.

4.2 Speicherung

Die Leistung, die in ein System hinein- oder aus ihm herausfließt, ist bei dynamischen Prozessen natürlich von der Zeit t abhängig, sodass die Leistung P mit den ***generalisierten*** (verallgemeinerten) ***Variablen*** der Bondmethodik wie oben erwähnt geschrieben werden kann:

$$P(t) = e(t) \cdot f(t)$$

Die Größen $e(t)$ und $f(t)$ werden in der Sprache der Bondmethodik auch als ***generalisierte Variablen*** bezeichnet, weil sie für alle sich entsprechende Größen der unterschiedlichen Domänen stehen. Das spezielle Verhalten dynamischer Systeme wird durch die Art und Anzahl der Speicherelemente, in die Leistung hinein- oder herausfließt, bestimmt. Die im Speicher zum Zeitpunkt t vorhandene Leistung ergibt sich dann aus der Differenz von Ein- und Ausgangsleistung.

Das Ansammeln von ***Leistung*** $P(t)$ in einem Speicher entspricht der Integration von Leistung, die zu einem bestimmten Energieinhalt führt. Deshalb gilt für die ***Energie*** $E(t)$in einem Speicher:

$$E(t) = \int^{t} P(t) \cdot \mathrm{d}t = \int^{t} e(t) \cdot f(t) \cdot \mathrm{d}t$$

Es gibt zwei unterschiedliche Typen von Speichern. Da in einem Speicher entweder Effort oder Flow aufintegriert wird, ist der Vorgang der Integration von Leistung in einem Speicher auch noch von dem Speichertyp abhängig. Zur Beschreibung dieser Unterschiede werden zwei weitere generalisierte Variablen aus dem Bereich der Energie oder Arbeit benötigt. Diese werden aus später zu erläuternden Gründen als ***generalisierter Impuls*** $p(t)$ und ***generalisierte Verschiebung*** $q(t)$ bezeichnet. Der generalisierte Impuls (engl. momentum) ist folgendermaßen definiert:

$$p(t) = \int^{t} e(t) \cdot \mathrm{d}t = p_0 + \int_{t_0}^{t} e(t) \cdot \mathrm{d}t$$

d. h. der Impuls ist gleich dem Zeitintegral über den Effort, oder gleich dem bestimmten Integral mit Anfangsimpuls p_0 vom Zeitpunkt t_0 bis zu einem Zeitpunkt t.

Die generalisierte Verschiebung (engl. displacement) ist folgendermaßen definiert:

$$q(t) = \int^{t} f(t) \cdot \mathrm{d}t = q_0 + \int_{t_0}^{t} f(t) \cdot \mathrm{d}t$$

d. h. die Verschiebung ist gleich dem Zeitintegral über den Flow, oder gleich dem bestimmten Integral vom Zeitpunkt t_0 mit der Anfangsverschiebung q_0 bis zu einem Zeitpunkt t.

Die beiden oben erwähnten unterschiedlichen Speicherelemente werden als ***Nachgiebigkeit*** (engl. Compliance) und ***Trägheit*** (engl. Inertia) bezeichnet. Diese Bezeichnungen leiten sich natürlich aus bestimmten Eigenschaften von einfachen technischen Bauelementen ab.

C-Element (Compliance, Capacity)

In der Mechanik ist die „Nachgiebigkeit" der Kehrwert der „Steifigkeit". Diese wiederum tritt als Proportionalitätsfaktor k im Hooke'schen Gesetz auf, das besagt, dass die Verformung x eines elastischen Elementes, wie beispielsweise einer Feder, der verformenden Kraft F proportional ist:

$$F = k \cdot x$$

Als Symbol für die Nachgiebigkeit wird im Bondgraphen der Großbuchstabe „C" verwendet. Diese Bezeichnung leitet sich vom Anfangsbuchstaben von **C**ompliance ab, ist aber auch der Anfangsbuchstabe von **C**apacity, der Kapazität eines Kondensators. Die Größe „Kapazität" aus der Domäne Elektrotechnik entspricht der „Nachgiebigkeit" in der Domäne Mechanik.

Das ***C-Element*** kann Energie verlustlos speichern. Diese Festlegung ist natürlich auch eine vereinfachende Modellvorstellung, da in technischen Systemen eine Energieaufnahme ohne Verluste nicht möglich ist. Die Darstellung innerhalb eines Bondgraphen findet sich in Abb. 4.3a). Das C-Element hat als konstituierende Gleichung folgende Beziehung:

$$e = \frac{1}{C} \cdot q \quad \text{oder} \quad f = C \cdot \frac{\mathrm{d}e}{\mathrm{d}t}$$

d. h. es verknüpft den Effort e mit der Verschiebung q.

In Abb. 4.3b) ist als Beispiel für ein C-Element aus der Domäne Elektrotechnik der Kondensator aufgeführt. Mit der Kenntnis über Effort und Flow in der Domäne Elektrotechnik findet man leicht, dass die bekannte Beziehung zwischen Strom und Spannung beim Kondensator mit der konstituierenden Gleichung übereinstimmt:

$$U = \frac{1}{C} \int i \cdot \mathrm{d}t \equiv e = \frac{1}{C} \cdot q \quad \text{da} \quad i = f = \frac{\mathrm{d}q}{\mathrm{d}t}$$

Der Flow (Strom i) wird im Kondensator zur Verschiebung (Ladung q) aufintegriert und führt dadurch in reziproker Abhängigkeit von der Nachgiebigkeit (Kapazität) zum Effort (Kondensatorspannung U) des C-Elementes. In diesem Beispiel zeigt sich auch der Grund für die Bezeichnung der generalisierten Verschiebung mit dem Buchstaben „q“, da die elektrische Ladung schon immer mit dem Buchstaben q (von lat. Quantum) bezeichnet wurde.

Die ideale mechanische Schraubenfeder (Abb. 4.3c), die die Steifigkeit k besitzt und dem Hooke'schen Gesetz gehorcht, ist ebenfalls ein C-Element:

$$F = \frac{1}{N} \int v \cdot \mathrm{d}t = k \cdot x \equiv e = \frac{1}{C} \cdot q \quad \text{mit} \quad N = \frac{1}{k} \quad \text{: Nachgiebigkeit}$$

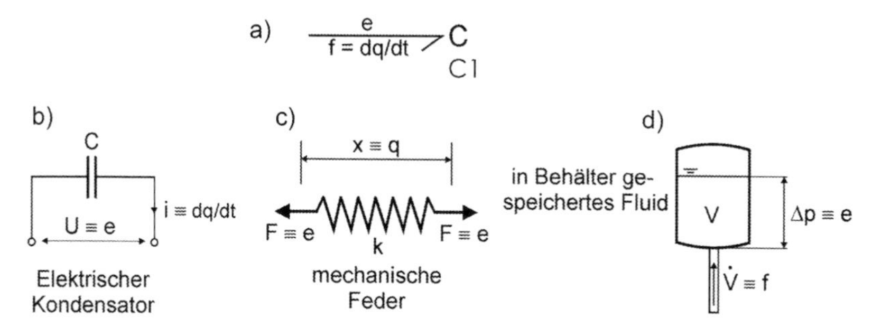

Abb. 4.3 C-Element **a)** Symbol im Bondgraphen **b)** elektrischer Kondensator **c)** mechanisches Federelement **d)** Vorratstank für ein Fluid

In der Feder wird Flow (Geschwindigkeit v) proportional zur Steifigkeit zur Verformung (Verschiebung x) aufintegriert, wodurch in der Feder ein Effort (Federkraft F) auftritt.

Im dritten Beispiel (Abb. 4.3d) wird ein Vorratstank mit einem Volumen V über eine Zuleitung mit einem Fluid aufgefüllt. Dies entspricht ebenfalls einem C-Element und die Beziehung für den Füllvorgang entspricht der konstituierenden Gleichung des C-Elements:

$$\Delta p = \frac{1}{N} \int \dot{V} \cdot \mathrm{d}t = \frac{1}{N} \cdot V \equiv e = \frac{1}{C} \cdot q \quad \text{da} \quad \dot{V} = f = \frac{\mathrm{d}q}{\mathrm{d}t}$$

Hierin ist N die hydraulische Nachgiebigkeit und V das Behältervolumen. Es wird also proportional zum hydraulischen Widerstand im Behälter der Volumenstrom $\dot{V}$ zum gespeicherten Volumen V aufintegriert und dadurch zwischen Ober- und Unterseite des Volumens die Druckdifferenz Δp erzeugt.

I-Element (Inertia, Inductance)

Das zweite Element, das verlustlos Energie speichern kann, ist das ***I-Element.*** Die Bezeichnung leitet sich von den englischen Begriffen Induktivität (**I**nductance) und/oder Trägheit (**I**nertia) ab. Die konstituierende Gleichung des I-Elementes verknüpft den Impuls p über die Trägheit I mit dem Flow f:

$$p = I \cdot f \quad \text{oder} \quad e = I \cdot \frac{\mathrm{d}f}{\mathrm{d}t}$$

Die Darstellung des I-Elementes innerhalb eines Bondgraphen findet sich in Abb. 4.4a). In Abb. 4.4b) ist als Beispiel für ein I-Element aus der Domäne Elektrotechnik die Spule (Induktivität) aufgeführt.

Betrachtet man wieder die aus der Elektrotechnik bekannte Gleichung über die Spannung an Induktivitäten,

$$U = L \cdot \frac{\mathrm{d}i}{\mathrm{d}t} \quad \text{oder} \quad \int U \cdot \mathrm{d}t = L \cdot i = \lambda \equiv p = I \cdot f \quad \mathit{bzw.} \quad \lambda = I \cdot f$$

so ist leicht zu erkennen, dass diese der konstituierenden Gleichung des I-Elementes entspricht. Der ***Windungsfluss*** λ (Zeitintegral über der Spannung) ist dem Flow (Strom) proportional, mit dem Proportionalitätsfaktor der Induktivität L der Spule. Der Windungsfluss λ wird in der Elektrotechnik kaum verwendet, was wiederum auf die unterschiedliche historische Entwicklung der Domänen und ihrer kennzeichnenden Größen hinweist.

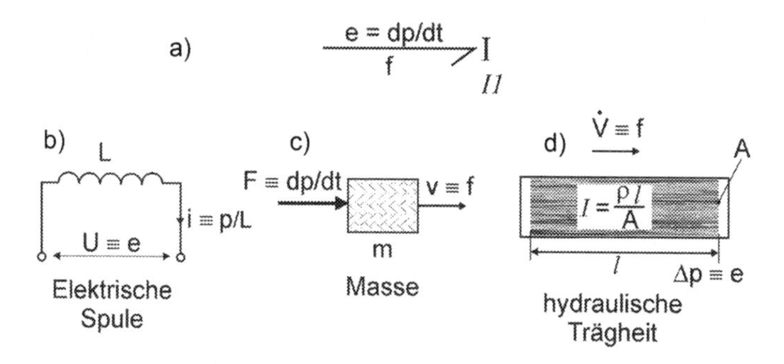

Abb. 4.4 I-Element **a)** Symbol im Bondgraphen **b)** elektrische Spule **c)** bewegte Masse **d)** Durchfluss eines Fluids durch ein Rohr

Das mechanische Beispiel in Abb. 4.4c) ist einfach eine Masse, die die mechanische Eigenschaft „Trägheit" besitzt. Für sie gilt das Newton'sche Bewegungsgesetz, dessen Übereinstimmung mit der konstituierenden Gleichung des I-Elementes wieder leicht herzuleiten ist:

$$F = m \cdot a = m \cdot \dot{v} \equiv p = I \cdot f \quad \text{bzw.} \quad \frac{\mathrm{d}p}{\mathrm{d}t} = e = I \cdot \frac{\mathrm{d}f}{\mathrm{d}t}$$

Dem Parameter I entspricht hier die Masse m des bewegten Körpers.

Im hydraulischen Beispiel in Abb. 4.4d) tritt die hydraulische Trägheit auf, die der Trägheit der Masse des Fluids entspricht. Für ein Rohr mit der entsprechenden Füllung durch ein Fluid tritt ein Druckimpuls p_{p} auf, für den gilt:

$$p_p = \int \Delta p \cdot \mathrm{d}t = I \cdot \dot{V} \equiv p = I \cdot f$$

Auch hier ist die Übereinstimmung mit der konstituierenden Gleichung des I-Elementes leicht zu erkennen. Auch der Druckimpuls p_p wird in der Hydraulik kaum als Rechengröße verwendet.

4.3 Quellen

Bis jetzt wurden Elemente behandelt, die Energie dem System entnehmen (R-Element) oder Energie speichern (C- und I-Element). Es fehlen nun noch Elemente, die Energie in das System hineinführen. Fließt Leistung in das System, so erfolgt dies dadurch, dass entweder Effort oder Flow dem System zugeführt werden und sich die jeweils andere Größe aufgrund der Systemeigenschaften ergibt. Entsprechend werden in Bondgraphen ***Quellen*** (engl. Source) für Effort und Flow verwendet, die mit den Großbuchstaben *SE* (auch *Se*) und *SF* (*Sf*) symbolisiert werden. Während bei den R-, C- und I-Elementen der Leistungsbond immer in Richtung des Elementes zeigt, ist bei den Quellen die Richtung natürlich umgekehrt, weil die Leistung von der Quelle in das System hineinfließt (Abb. 4.5).

Bei einer Effortquelle ist der Effort vorgegeben und der Flow ergibt sich aus den Eigenschaften des Systems. So wird bei einer Spannungsquelle die Spannung vorgegeben und der Innenwiderstand des gespeisten Systems bestimmt die Höhe des dann fließenden Stroms. Bei einer Masse im Schwerefeld der Erde ist die Schwerkraft vorgegeben und die Geschwindigkeit zu einem bestimmten Zeitpunkt ergibt sich aus der Masse des Körpers.

Bei einer Flowquelle ist der Flow vorgegeben und der Effort ergibt sich aus den Eigenschaften des Systems. So wird bei einer Konstantstromquelle der Strom vorgegeben und die Spannung ergibt sich aus dem Innenwiderstand des gespeisten Systems, bei einer Zahnradpumpe wird ein vorgegebener Volumenstrom gefördert und der Pumpendruck am Ausgang hängt vom hydraulischen Widerstand des gespeisten Systems ab.

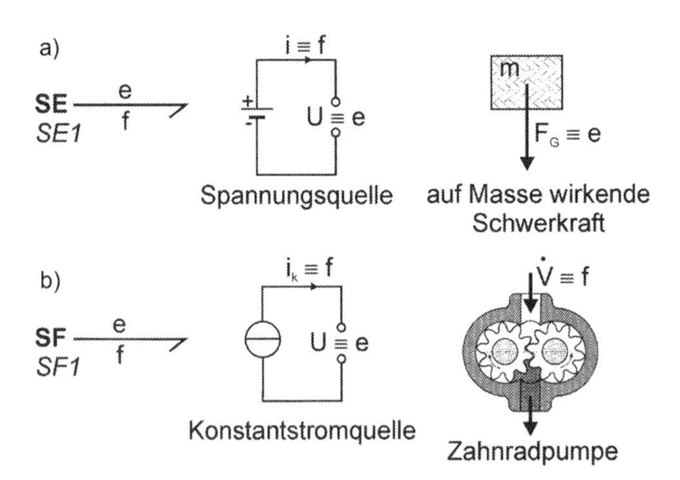

Abb. 4.5 Quellen von Effort und Flow, Symbol und Beispiele aus unterschiedlichen Domänen **a)** Effortquellen **b)** Flowquellen

4.4 Wandler

Alle bisher behandelten einfachen Grundbausteine verfügen nur über einen Leistungsbond, über den Leistung in das Bauelement hinein- oder aus ihm herausfließt. Um Leistung von einer Energieform in eine andere umzuwandeln, oder beim Durchfließen durch das Element Effort oder Flow zu beeinflussen, werden Elemente mit zwei Leistungsbonds benötigt. Der eine führt Leistung in das Element hinein und der andere führt die Leistung aus dem Element heraus. Idealisierend wird dabei angenommen, dass das Durchließen von Leistung im Element verlustlos erfolgt. Sollten im realen System in den Bauelementen Verluste auftreten, so sind diese durch zusätzliche R-Elemente zu modellieren. Es gibt zwei wichtige Wandlerelemente, nämlich den ***Transformer*** und den ***Gyrator.***

Der ***Transformer*** ist ein Bauelement (Abb. 4.6), in das an einem Bond Leistung hineinfließt, im System verlustlos umgewandelt wird und am zweiten Leistungsbond wieder herausfließt. Die idealisierende Annahme der verlustlosen Umwandlung wird durch folgende Gleichung beschrieben, in welcher die Indizes 1 und 2 sich auf Abb. 4.6 beziehen:

$$e_1(t) \cdot f_1(t) = e_2(t) \cdot f_2(t)$$

Bei einem Transformer stehen der Eingangseffort und der Ausgangseffort in einem bestimmten Verhältnis, das durch einen ***Transformerfaktor*** m (engl. transformer modulus) gekennzeichnet ist. Das gleiche Übersetzungsverhältnis gilt zwischen Eingangs- und Ausgangsflow. Dieser Übertragungsfaktor, der wie in Abb. 4.6 gezeigt, über dem Transformersymbol *TF* durch einen waagerecht liegenden Doppelpunkt abgetrennt wird, beeinflusst die Ein- und Ausgangseigenschaften durch die folgenden konstituierenden Gleichungen:

$$e_1 = m \cdot e_2 \quad \text{und} \quad f_2 = m \cdot f_1$$

Bauelemente, die die Übertragungseigenschaften von Transformern besitzen, treten in vielen Systemen auf. In Abb. 4.7 ist jeweils ein Beispiel für einen Transformer aus der Domäne Elektrotechnik und Mechanik aufgeführt. Das Beispiel aus der Elektrotechnik (Abb. 4.7a) ist der ideale elektrische Transformator (engl. Transformer), von dessen englischer Bezeichnung sich auch der Elementname

Abb. 4.6 Bondgraph Symbol für den Transformer

e_1 f_1 m TF TF1 e_2 f_2

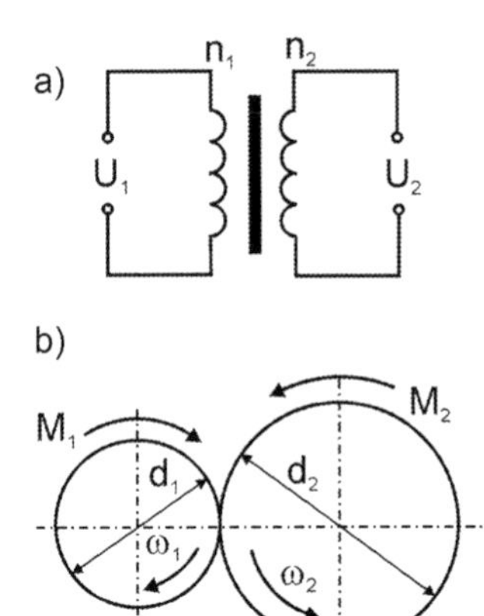

Abb. 4.7 Bauelemente mit Transformereigenschaften **a)** elektr.Transformator **b)** mechanisches Getriebe

ableitet. Von diesem System weiß man, dass die Eingangsspannung U_1 und die Ausgangsspannung U_2 im Verhältnis der Windungszahlen der Spulen auf der Eingangsseite n_1 und Ausgangsseite n_2 stehen und dass die zugehörigen Ströme sich umgekehrt proportional verhalten.

Da in der Domäne Elektrotechnik der Effort eine Spannung und der Flow ein Strom ist, lassen sich die konstituierenden Gleichungen folgendermaßen schreiben:

$$U_1 = m \cdot U_2 \quad \text{und} \quad i_2 = m \cdot i_1$$

Daraus kann man bei Kenntnis des Transformatorgesetzes den Wert des ***Transformerfaktors*** m ableiten:

$$m = \frac{n_1}{n_2}$$

Ein Beispiel aus der Mechanik ist das in Abb. 4.7b) dargestellte Radgetriebe. Bei einem rotatorischen System ist der Effort ein Moment M und der Flow eine Winkelgeschwindigkeit ω. Von einem solchen Getriebe weiß man, dass die Winkelgeschwindigkeiten (Drehzahlen) auf der Eingangsseite ω_1 und der Ausgangsseite ω_2 umgekehrt proportional zum Verhältnis der Durchmesser d_1 und d_2 der Räder sind, während die Drehmomente M direkt proportional zu diesem Verhältnis sind. Für das mechanische Getriebe kann man die konstituierenden Gleichungen dann folgendermaßen schreiben:

$$M_1 = m \cdot M_2 \text{ und } \omega_2 = m \cdot \omega_1$$

Woraus sich der Transformerfaktor m wie folgt berechnet:

$$m = \frac{d_1}{d_2}$$

Neben dem Transformer gibt es einen weiteren Wandlertyp, der als ***Gyrator*** bezeichnet wird. Während bei einem Transformer jeweils zwischen Eingangseffort und Ausgangseffort, bzw. dem Eingangsflow und dem Ausgangsflow eine Beziehung über den Transformerfaktor hergestellt wird, bildet der ***Gyrator*** eine Beziehung zwischen Eingangseffort und Ausgangsflow, bzw. zwischen Ausgangseffort und Eingangsflow (Abb. 4.8a). Die zugehörigen konstituierenden Gleichungen lauten daher:

$$e_1 = r \cdot f_2 \quad \text{und} \quad e_2 = r \cdot f_1$$

Der ***Gyratorfaktor*** r (engl. gyrator ratio, gyrator modulus) ist wie beim Transformer die Verknüpfungsgröße zwischen Ein- und Ausgang.

Für den idealen Gyrator gilt ebenso wie beim Transformer, dass er weder Leistung dissipiert noch speichert, d. h. Ein- und Ausgangsleistung sind gleich. Im Abb. 4.8 sind wieder zwei Beispiele für Gyratoren aus den Domänen Elektrotechnik und Mechanik dargestellt. Teilbild **b**) zeigt das Funktionsschema eines Gleichstrommotors.

Bei diesem Motor wird elektrische in mechanische Energie umgewandelt. Auf der elektrischen Eingangsseite wird die Leistung durch die innere Motorspannung U_i und den Ankerstrom I_{Mot} bestimmt.

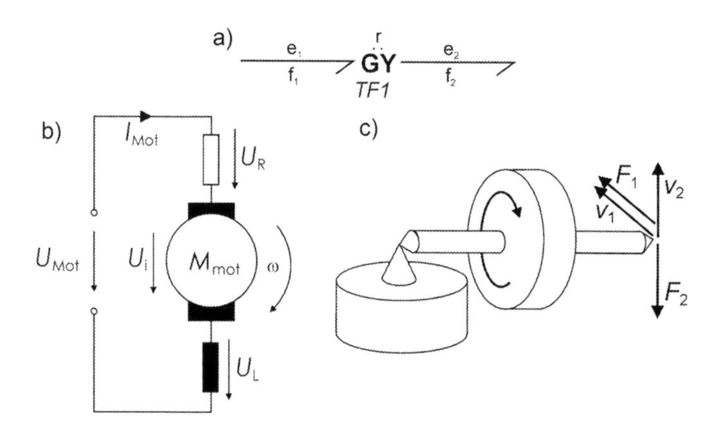

Abb. 4.8 Bauelemente mit Gyratoreigenschaften **a**) Symbol **b**) Gleichstrommotor **c**) Kreisel

Mit Bezug auf die konstituierende Gleichung gilt dann:

$$e_1 = U_\mathrm{i} \quad \text{und} \quad f_1 = I_\mathrm{Mot}$$

Auf der mechanischen Ausgangsseite wird die Leistung durch das Motormoment M_Mot und die Winkelgeschwindigkeit ω bestimmt:

$$e_2 = M_\mathrm{Mot} \quad \text{und} \quad f_2 = \omega$$

Treffen auf dieses System die konstituierenden Gleichungen des Gyrators zu, so lauten diese:

$$U_i = r \cdot \omega \quad \text{und} \quad M_\mathrm{Mot} = r \cdot I_\mathrm{Mot}$$

Für den Gleichstrommotor gilt, dass die Drehzahl n oder die Winkelgeschwindigkeit ω der am Anker anliegenden Spannung U_i und dass das Motormoment M_Mot dem Ankerstrom I_Mot proportional ist. Es gelten folgende Zusammenhänge:

$$U_\mathrm{i} = c_\mathrm{Mot} \cdot \Phi \cdot \omega \quad \text{und} \quad M_\mathrm{Mot} = c_\mathrm{Mot} \cdot \Phi \cdot I_\mathrm{Mot}$$

Darin ist c_Mot eine motorabhängige Konstante und Φ der magnetische Fluss im Statorfeld.

Der Gyratorfaktor r muss dann aufgrund der Gesetzmäßigkeiten über den Gleichstrommotor folgenden Wert besitzen:

$$r = c_\mathrm{Mot} \cdot \Phi$$

d. h. er ist gleich dem Produkt zweier Motorkenngrößen, der Motorkonstanten c_Mot und dem magnetischen Fluss in der Feldwicklung Φ. Bei einer kompletten Modellierung des Gleichstrommotors müssen natürlich noch Widerstände, Induktivitäten, Trägheit und Reibung berücksichtigt werden.

Das mechanische Beispiel in Teilbild 4.8**c**) stellt einen Kreisel (engl. Gyro) dar, von dessen englischer Bezeichnung sich auch der Elementname ableitet. Die Efforts sind hier senkrecht aufeinander stehende Kräfte, die am Kreiselende angreifen, die Flows sind senkrecht aufeinander stehende Geschwindigkeiten, mit denen sich das Kreiselende im Raum bewegen kann. Wenn sich der Kreisel mit hoher Winkelgeschwindigkeit ω dreht, so wird ein in Richtung der Kraft F_1 aufgebrachter leichter Stoß eine Bewegung des Kreiselendes in Richtung der Geschwindigkeit v_2 zur Folge haben. Da bei einem realen Kreisel die Schwerkraft in Richtung F_2 wirkt, führt der Kreisel eine Präzessionsbewegung in Richtung von v_1 aus. Zeigen die Kräfte in x- und y-Richtung eines kartesischen Koordinatensystems, so ist die Drehachse des Kreisels die z-Richtung. Wenn das

Trägheitsmoment des Kreisels um die z-Achse mit J_{zz} bezeichnet wird, so gilt entsprechend den konstituierenden Gleichungen:

$$M_x = J_{zz} \cdot \omega_z \cdot \omega_y \quad \text{und} \quad M_y = J_{zz} \cdot \omega_z \cdot \omega_x$$

Daraus kann man den Gyratorfaktor r ablesen:

$$r = J_{zz} \cdot \omega_z$$

4.5 Verzweigungen

Wenn in einem System mehrere Grundelemente parallel oder in Reihe geschaltet sind, so müssen Leistungsflüsse an Knotenpunkten verzweigt, d. h. zusammengefasst oder aufgespalten werden. Die einfachste ***Verzweigung*** oder ***Verknüpfung*** hat drei Leistungsbonds, die die Leistung zu den Knoten hin- oder davon wegführen.

Solche Verzweigungen werden in der Bondgraphentheorie als ***Junctions*** bezeichnet. Junctions können aber natürlich auch mehr als 3 Leistungsbonds miteinander verknüpfen. Entsprechend der Modellannahme kann eine Junction keine Leistung speichern oder dissipieren. Für drei Leistungsbonds muss dann gelten:

$$e_1 \cdot f_1 + e_2 \cdot f_2 + e_3 \cdot f_3 = 0$$

In einer Junction muss entweder der Effort oder der Flow an allen Leistungsbonds gleich sein, während sich die entsprechende andere generalisierte Variable zum Wert Null aufsummieren muss. Es gibt daher zwei unterschiedliche Arten von Junctions, nämlich die ***Effort-Junction*** und die ***Flow-Junction.***

Die ***Flow-Junction*** wird auch als ***Parallel-Junction*** oder ***0-Junction*** bezeichnet. Die Bedeutung dieser unterschiedlichen Namen ergibt sich aus den im Folgenden erläuterten Eigenschaften und konstituierenden Gleichungen. Eine Flow-Junction mit drei Leistungsbonds ist in Abb. 4.9 dargestellt, wobei eine „Null“ (0) als Symbol im Graphen dient, was zu der alternativen Bezeichnung „0-Junction“ führt. Die Orientierung der drei Leistungsbonds kann unterschiedlich sein, wie es für zwei mögliche Fälle in Abb. 4.9 dargestellt ist. Da keine Leistung in der Junction verbraucht oder gespeichert wird, muss dann im Fall b) beim Aufstellen der konstituierenden Gleichungen einer oder zwei der Leistungsflüsse ein negatives Vorzeichen erhalten. Im dargestellten Fall (9 a)) führt ein Bond (Bond 1) Leistung zur Junction und zwei (Bond 2 und 3) führen Leistung heraus. Die 0-Junction heißt auch Flow-Junction, weil in der Junction der Flow auf die Bonds aufgeteilt wird. Dabei

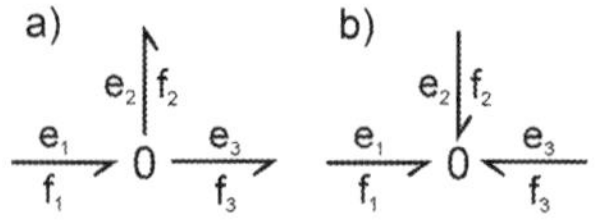

Abb. 4.9 Flow-Junctions mit unterschiedlicher Orientierung der Leistungsbonds

ist der Effort an allen Bonds der Junction gleich. Daher lautet die erste konstituierende Gleichung:

$$e_1(t) = e_2(t) = e_3(t)$$

Damit die Summe der Leistungsflüsse der Junction sich zu Null addiert, muss dann für die Flows folgendes gelten:

$$f_1(t) - f_2(t) - f_3(t) = 0 \quad \text{oder} \quad f_1(t) = f_2(t) + f_3(t)$$

Diese zweite konstituierende Gleichung der 0-Junction besagt, dass die algebraische Summe aller Flows gleich Null sein muss.

Die Richtung, die die Leistungsbonds haben, ist bei den Junctions nicht so eindeutig definiert wie bei den bis jetzt behandelten Bauelementen. Man kann ihre Richtung durchaus, wie in Abb. 4.9b), unabhängig von der physikalischen Relevanz, anders orientieren, muss dies aber bei den konstituierenden Gleichungen berücksichtigen. Die konstituierende Gleichung über den Flow ändert sich dann folgendermaßen:

$$f_1(t) + f_2(t) + f_3(t) = 0$$

Wie oben bereits erwähnt, werden für den Bondgraphen dort Junctions benötigt, wo im zugehörigen System Bauelemente parallel geschaltet sind. In Abb. 4.10 sind Beispiele aus den Domänen Elektrotechnik und Mechanik dargestellt, für deren Bondgraphen man eine Flow (0)-Junction benötigt. Da bei dem elektrischen Beispiel (Abb. 4.10a), einem Parallelschwingkreis, alle Bauelemente parallel angeordnet sind, spricht man deswegen auch von einer ***Parallel-Junction.*** Beim Beispiel aus der Mechanik (Abb. 4.10b) sind die beiden Massen über die Feder- und Dämpferelemente ebenfalls parallel geschaltet.

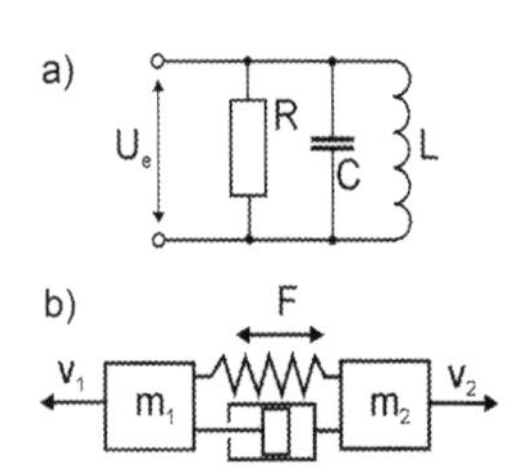

Abb. 4.10 Beispiele für die Anordnung von Bauelementen, für deren Modellierung Flow-Junctions benötigt werden

Wendet man nun die konstituierenden Gleichungen der Flow-Junction (alle Efforts sind gleich, die Summe der Flows ist Null) auf das elektrische Beispiel an, so heißt das, dass die Spannung an den 3 Bauelementen Widerstand, Kondensator und Spule gleich sein muss und alle Ströme durch die Bauelemente sich mit dem Eingangsstrom zu Null addieren müssen. Die letzte Aussage entspricht übrigens dem ***1. Kirchhoff'schen Gesetz*** (Knotenregel). Der daraus resultierende Bondgraph ist in Abb. 4.11 dargestellt. Die Spannungsquelle, die den Parallelschwingkreis speist, ist eine Effort-Quelle. Die Parallelschaltung wird durch eine Flow-Junction mit 4 Bonds modelliert. In einen Bond führt die Quelle Effort hinein, die übrigen Bauelemente (Kondensator, Spule, Widerstand) sind an die 3 weiteren Leistungsbonds angehängt, welche die Bauelemente mit Leistung speisen. Wie man vorgehen muss, um aus dem elektrischen Schaltplan oder der mechanischen Anordnung einen solchen Bondgraphen abzuleiten, wird in den nächsten Kapiteln ausführlich behandelt.

Vertauscht man nun die Rolle von Effort und Flow, so erhält man eine Verknüpfung oder Junction, die als ***Effort-Junction, Reihen (Serien)-Junction*** oder ***1-Junction*** bezeichnet wird.

Eine solche Junction mit drei Leistungsbonds ist in Abb. 4.12 dargestellt, wobei eine „Eins" (1) als Symbol im Graphen dient, was zu der alternativen Bezeichnung ***1-Junction*** führt. Die konstituierenden Gleichungen für die Effort-Junction in Teilbild 4.12a) lauten:

$$f_1(t) = f_2(t) = f_3(t)$$

$$e_1(t) - e_2(t) - e_3(t) = 0 \quad \text{oder} \quad e_1(t) = e_2(t) + e_3(t)$$

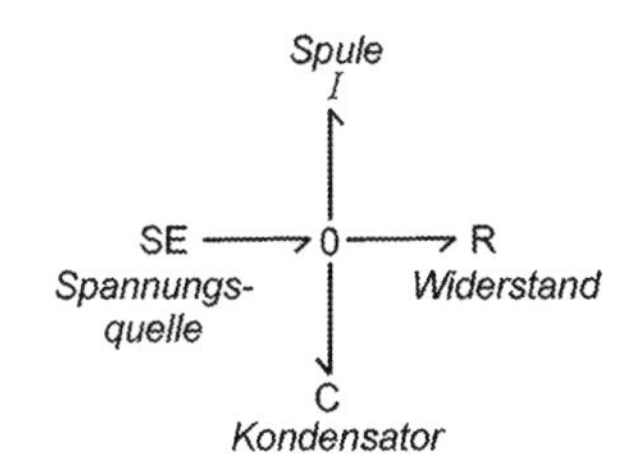

Abb. 4.11 Bondgraph des Parallelschwingkreises

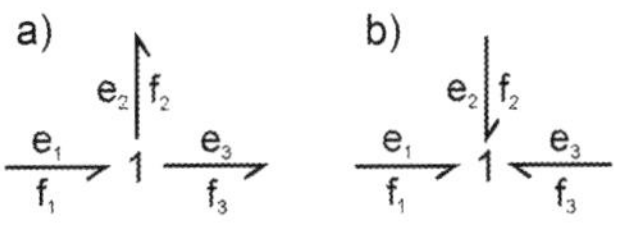

Abb. 4.12 Effort-Junctions mit unterschiedlicher Orientierung der Leistungsbonds

Die zweite Gleichung gilt für die Richtung der Leistungsbonds in Teilbild 4.12a). Die beiden konstituierenden Gleichungen besagen, dass in der Effort-Junction alle Flows gleich sind und die algebraische Summe aller Efforts gleich Null ist. Ist die Orientierung der Leistungsbonds anders wie in Teilbild 4.12b), so lautet die zweite Gleichung:

$$e_1(t) + e_2(t) + e_3(t) = 0$$

Im Abb. 4.13 sind Beispiele aus den Domänen Elektrotechnik und Mechanik aufgeführt, für deren Modellierung eine Effort-Junction benötigt wird. Das elektrische Beispiel (Abb. 4.13a) ist ein Serien- oder Reihenschwingkreis. Der Strom durch die Bauelemente Kondensator, Spule und Widerstand ist stets gleich (erste konstituierende Gleichung), da diese alle in Reihe geschaltet sind. Die Spannungen addieren sich über den Bauelementen auf, sodass ihre Summe der Eingangsspannung entspricht. Dies entspricht dem ***2. Kirchhoff'schen Gesetz*** (Maschenregel) und ist gleichbedeutend mit der zweiten konstituierenden Gleichung für die Effort-Junction.

Das mechanische Beispiel in Teilbild 4.13b) ist etwas verwirrend, da ja bei der Effort-Junction von Reihenschaltung die Rede ist, die Bauelemente Feder und Dämpfer aber parallel geschaltet sind. Dieses Beispiel entspricht dem im Bereich der Modellbildung als ***Einmassenschwinger*** bekannten Anordnung. Diese wird häufig behandelt, da sie als Modell für viele technische Anwendungen stehen kann, wie beispielsweise die Anordnung aus Rad und Feder-Dämpfer-System eines Pkw in Abb. 4.14. Beim Einmassenschwinger gelten die Modellannahmen, dass alle Masse des Systems im Schwerpunkt der Masse m konzentriert ist, dass demnach Feder und Dämpfer masselos sind. Solche Annahmen werden nicht getroffen, weil sie der Realität nahekommen, sondern weil dann das

Aufstellen des mathematischen Modells für die Anordnung einfacher wird. Schaut man sich das Beispiel in Abb. 4.14 an, so kann man sagen, dass die Masse

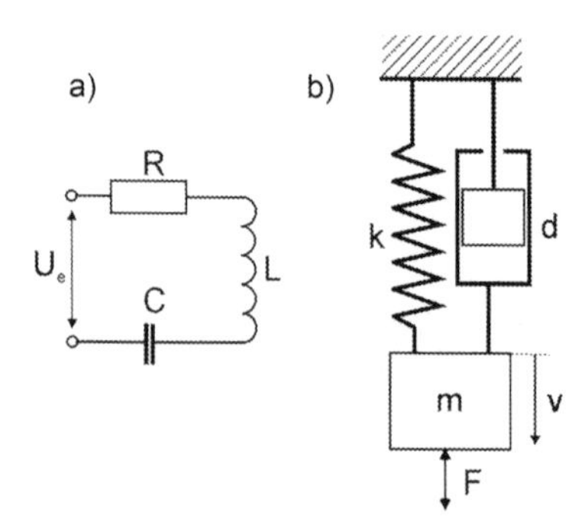

Abb. 4.13 Beispiele für die Anordnung von Bauelementen, für deren Modellierung Effort-Junctions benötigt werden

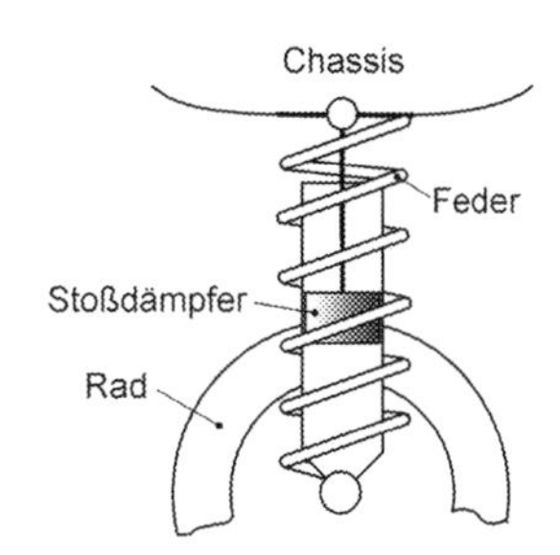

Abb. 4.14 Federbein mit Rad eines Pkw als Beispiel für das Modell des „Einmassenschwingers“

von Reifen und Felge des Rades sicher zehnmal so hoch ist wie die von Feder und Dämpfer, sodass der Fehler durch die Modellannahme nicht zu groß wird.

Zur Aufstellung des mathematischen Modells muss man dann noch weitere vereinfachende Annahmen treffen, wie beispielsweise die Gültigkeit des Hooke'schen Gesetzes für die Feder mit der Federkonstante k und der rein viskosen Dämpfung für den Stoßdämpfer mit der Dämpfungskonstante d. Als mathematisches Modell erhält man dann eine lineare Differentialgleichung zweiter Ordnung der Form:

$$m \cdot \ddot{x} + d \cdot \dot{x} + k \cdot x = F(t)$$

Darin ist x der Weg in Richtung der Federdehnung, die übrigen Parameter erklären sich aus Abb. 4.13b).

In der obigen Differentialgleichung stellen die Summanden auf der linken Seite der Gleichung Kräfte dar. Daher sagt sie aus, dass die Summe aller an der Masse angreifenden Kräfte gleich Null sein muss. Dies entspricht genau der Aussage der konstituierenden Gleichung der Effort-Junction bezüglich der Efforts. Gleichzeitig ist leicht einsehbar, dass die Geschwindigkeit von Masse, Feder und Dämpfer gleich sein muss, was der konstituierenden Gleichung über die Flows entspricht.

In Abb. 4.15 ist der Bondgraph für diese Anordnung dargestellt. Die auf die Masse wirkende äußere Kraft F ist eine Effort-Quelle; Masse, Feder und Dämpfer lassen sich an die Effort-Junction als die ihnen entsprechenden I-, C- und R-Elemente anhängen. Die Änderung von einer Parallel- zu einer Reihenanordnung hat im Modell nur die Veränderung der 0- in eine 1-Junction bewirkt. Schaut man sich den Bondgraphen in Abb. 4.11 für ein elektrisches System an und vergleicht dies mit dem Graphen in Abb. 4.15 für ein mechanisches Beispiel, so sieht man, dass man gleichartige Modellstrukturen für beide Systeme erhält. Daran erkennt man, dass dynamische Systeme unterschiedlicher Domänen mit unterschiedlichen Beschreibungen durchaus gleichartige Modellstrukturen besitzen. Diese Einsicht wird in der Methode der Bondgraphen besonders deutlich, während sie mit konventionellen Beschreibungsmethoden der Modellbildung eher verschleiert wird.

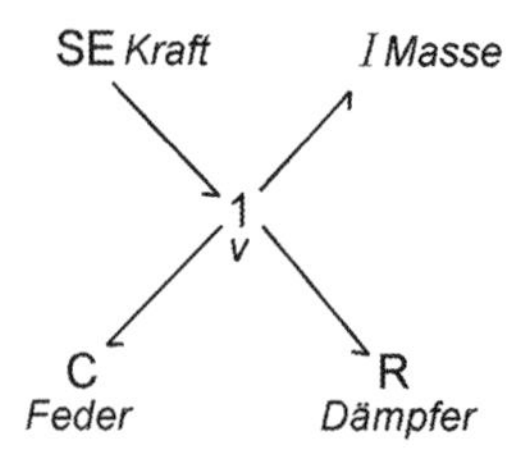

Abb. 4.15 Bondgraph des Einmassenschwingers

4.6 Vereinfachung von Verzweigungen

In der theoretischen Modellbildung von dynamischen Systemen gibt es drei wichtige Anforderungen, die ein Modell besitzen muss. Neben der ***physikalischen Transparenz*** sind das die ***Gültigkeit*** und die ***Effizienz***. Physikalische Transparenz bezieht sich darauf, dass alle Vorgänge im System auf naturgesetzlichen Zusammenhängen beruhen müssen. Ein Modell ist aufgrund der meist vorgenommenen Vereinfachungen der Modellbildung nur in bestimmten Grenzen gültig. Effizienz eines Modells ist die Eigenschaft, mit möglichst wenigen Elementen und Gesetzmäßigkeiten ein System zu modellieren.

Obwohl ein gültiger Bondgraph zu einem gültigen mathematischen Modell führt, ist es für die Effizienz erforderlich, redundante Elemente zu eliminieren oder komplexere Strukturen durch einfachere zu ersetzen. Dadurch werden Bondgraphen größerer Systeme übersichtlicher. Wenn man dann beispielsweise die Systemgleichungen des mathematischen Modells mithilfe eines ***Simulationssystems*** erstellt, werden diese Gleichungen allerdings für den vereinfachten und nicht vereinfachten Bondgraphen identisch sein. Jedoch wird der Anwender mit einem vereinfachten Bondgraphen bei Änderungen oder Erweiterungen besser umgehen können und den Überblick behalten. Der einfachste Fall einer 0- oder 1-Verknüpfung hat, wie in Abb. 4.16 dargestellt, nur zwei Leistungsbonds, d. h. nur jeweils ein Bond führt in die Verknüpfung hinein und heraus. Die beiden Teilbilder a) und b) stellen dar, dass bei nur zwei Leistungsbonds, sowohl für 0- als auch für 1-Verknüpfungen, die gesamte Anordnung durch nur einen einzelnen Leistungsbond ersetzt werden kann. Dies ist offensichtlich, da aller Flow und aller Effort, die von links in die jeweilige Junction fließen, unverändert nach rechts wieder aus der Junction herausfließen. Das bedeutet, dass ein einzelner Leistungsbond die gleichen Eigenschaften besitzt wie eine Junction mit nur zwei Leistungsbonds. Im Graphen führt das natürlich zu mehr Übersichtlichkeit.

Verknüpfungen mit mehr Leistungsbonds können nicht so einfach behandelt werden, jedoch gibt es auch für mehrere hintereinander oder parallel geschalteter

Abb. 4.16 Vereinfachung von Junctions mit nur zwei Leistungsbonds

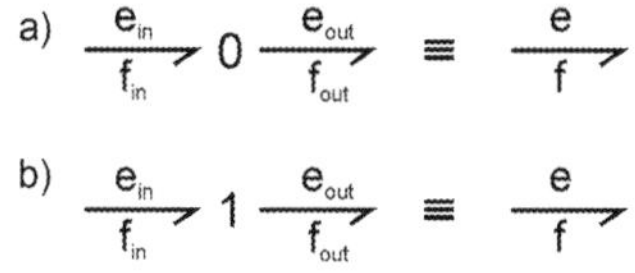

Abb. 4.17 Vereinfachung eines Bondgraphen mit zwei durch einen Leistungsbond verbundenen 0-Junctions

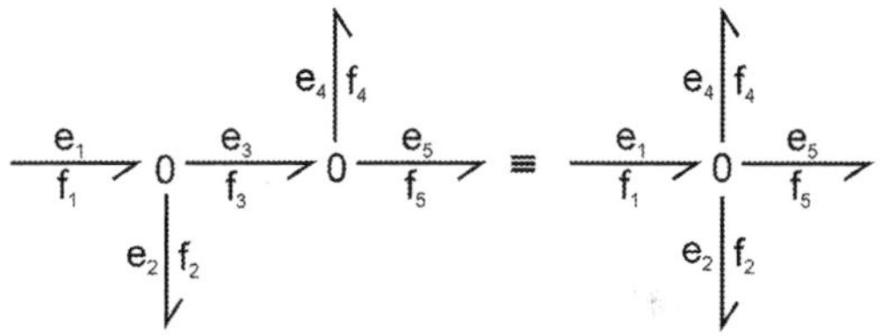

Verknüpfungen Vereinfachungsmöglichkeiten. Abb. 4.17 zeigt zwei 0-Junctions mit je drei Leistungsbonds, die einen gemeinsamen Leistungsbond (Index 3) besitzen. Die Äquivalenz der beiden Anordnungen kann man leicht zeigen.

Nach den konstituierenden Gleichungen für 0-Junctions gelten die folgenden Gleichungen für den linken Bildteil:

$$e_1 = e_2 = e_3 = e_4 = e_5$$

$$f_1 = f_2 + f_3 \quad f_3 = f_4 + f_5 \Rightarrow f_1 = f_2 + f_4 + f_5$$

Für den „identischen" Bondgraphen im rechten Bildteil gilt natürlich auch die Gleichheit aller Efforts und für die Flows gilt wie im ersten Fall:

$$f_1 = f_2 + f_4 + f_5$$

Ersetzt man die beiden 0-Junctions durch 1-Junctions, so gilt für diese natürlich die gleiche Identität und damit die Vereinfachungsregel, dass zwei durch einen Leistungsbond verbundene *gleiche* Junctions nach Weglassen des Leistungsbonds durch nur *eine* Junction ersetzt werden können.

4.7 Modulierbare Bauelemente

In Kap. 1 wurde erläutert, dass reale Systeme meist keine konstanten Parameter für bestimmte Eigenschaften besitzen. Außerdem wurde bei der Einführung von Bondgraphen betont, dass ausdrücklich die Zusammenhänge zwischen den Zustandsgrößen von Systemen nichtlinear sein dürfen.

Um solche Eigenschaften in den Modellen von Bauelementen zu berücksichtigen, benötigt man Erweiterungen der vorgestellten Bauelementtypen, deren Parameter variiert werden können. Solche Bauelemente bezeichnet man als ***modulierbar.*** Im Abschn. 4.1 wurde das R-Element vorgestellt (s. Abb. 4.1), mit dem man Leistung dissipierende Systeme modellieren kann. Ein einfaches Beispiel für ein solches System ist ein elektrischer Widerstand, wobei hier der Parameter „R" der Widerstandswert ist. Bekanntlich variiert der Widerstandswert eines solchen Bauelementes in Abhängigkeit von der Temperatur. Diese Eigenschaft wird sogar in Sensoren aktiv zur Temperaturmessung eingesetzt. In Abb. 4.18a) ist ein ***modulierbares R-Element*** dargestellt, für das im Bondgraphen das Symbol „MR" verwendet wird. In das Symbol führt ein zusätzlicher Informationsbond, über den der Wert des Parameters R variiert werden kann und über den keine Leistung fließt. Während die konstituierende Gleichung des einfachen R-Elementes lautete

$$e = R \cdot f$$

würde diese bei Modulation durch eine Sinusfunktion $y = \sin x$ sich folgendermaßen ändern:

$$e = R \cdot \sin x \cdot f$$

Mit solchen modulierbaren R-Elementen lassen sich alle denkbaren veränderlichen Eigenschaften realer dissipativer Systeme modellieren.

Auch Quellen von Effort oder Flow sind in der Regel nicht konstant. Ein typisches Beispiel ist ein elektronischer Funktionsgenerator dessen Ausgangsspannung (Effort) in der Amplitude variiert werden kann, dessen Spannungsverlauf aber auch auf verschiedene Funktionsverläufe wie „Sinus", „Rechteck" oder „Dreieck" umgeschaltet werden kann. Selbst eine Quelle wie die Gravitationskraft, die augenscheinlich konstant sein sollte, variiert in Abhängigkeit vom geografischen Ort aufgrund ungleichförmiger Massenverteilung im Erdinneren. Abb. 4.18b) zeigt das Modellelement einer ***modulierbaren Effortquelle,*** für die im Bondgraphen das Symbol „MSE" verwendet wird. Bei ihr kann wieder über

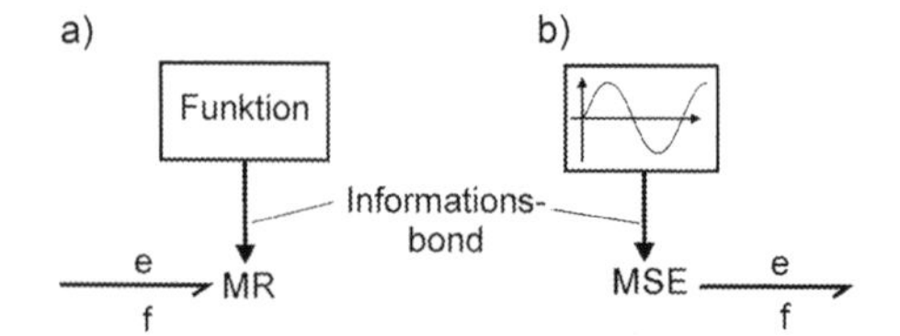

Abb. 4.18 Modulierbare Bauelemente **a**) R-Element **b**) Effortquelle

einen Informationsbond der Effortwert der Quelle beliebig variiert werden. Analog lautet das Symbol für eine modulierbare Flowquelle „MSF".

Die im Abschn. 4.4 vorgestellten Wandler „Transformer" und „Gyrator" enthalten in ihren konstituierenden Gleichungen ebenfalls konstante Faktoren in Form des Transformerfaktors m und des Gyratorfaktors r. Diese Faktoren können natürlich auch irgendwelche variable Funktionen sein, die von außen über einen Informationsbond verändert werden können. Entsprechend gibt es die Grundelemente im Bondgraphen mit den Symbolen „MTF" und „MGY". Abb. 4.19 zeigt das Symbol und die zugehörigen Bonds eines modulierbaren Transformers. Um beispielsweise aus der Netzspannung eine in der Amplitude variable Wechselspannung zu gewinnen, werden sogenannte. Stelltransformatoren benutzt. Hier wird der Ausgang der Sekundärspule von einem verschiebbaren Abgriff der Wicklung abgenommen. Zur Modellierung eines solchen Gerätes wäre ein modulierbarer Transformer erforderlich, dessen Transformerfaktor bei Verschiebung des Abgriffs sich entsprechend ändert.

Zur Modellierung eines Hallsensors, mit dem man unter Ausnutzung des Hall-Effektes die magnetische Flussdichte B messen kann, benötigt man einen modulierbaren Gyrator. Hier lautet der Zusammenhang zwischen der Hallspannung U_{H} (Ausgangseffort) und dem Eingangsstrom i (Eingangsflow) durch das Halbleitermaterial des Sensors in Abhängigkeit von der wegabhängigen Flussdichte $B(x)$

$$U_{\mathrm{H}} = C \cdot B(x) \cdot i$$

Darin ist C eine bauteilabhängige Konstante. In dieser Gleichung wird ein Zusammenhang zwischen Ausgangseffort und Eingangsflow über die variable Flussdichte hergestellt. Für die Modellierung wird also ein Gyrator benötigt, dessen Gyratorfaktor $C \cdot B(x)$ variabel ist.

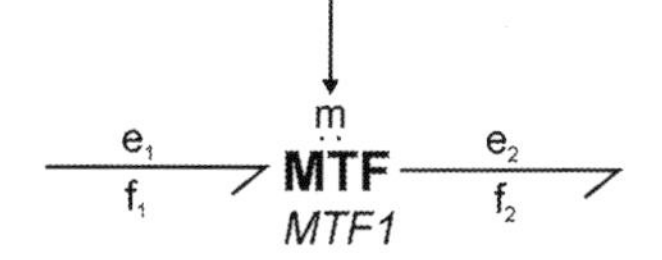

Abb. 4.19 Modulierbarer Transformer MTF

5 Zeichnen von Bondgraphen einfacher Systeme

In den vorherigen Abschnitten sind die wesentlichen grundlegenden Elemente von Bondgraphen besprochen worden und es ist dargestellt worden, welche einfachen Bauelemente der verschiedenen Domänen durch diese Bondgraphen-Grundelemente modelliert werden können. Hat man jedoch für ein einfaches mechanisches System wie den Einmassenschwinger (Abb. 4.13b) den objektorientierten Wort-Bondgraphen (Abb. 5.1) gezeichnet, so besteht noch immer Unklarheit, wie man aus diesem mit einer formal nachvollziehbaren Vorgehensweise den Bondgraphen gewinnen kann, der nur aus Grundelementen der Bondgraphen-Methode besteht. Für die beiden Domänen Elektrotechnik und Mechanik soll das im Folgenden dargestellt werden.

5.1 Elektrische Systeme

In Abb. 4.13a) war beispielsweise das elektrische System „Serienschwingkreis" dargestellt und in Abb. 4.15 der zugehörige vereinfachte Bondgraph abgebildet worden. In diesem Bondgraphen kommen alle Objekte des Schaltplans aus Abb. 4.13a) vor, da es für jedes ein entsprechendes einfaches Modellelement gibt. Wie jedoch die Anbindung an die 1-Junction zustande kommt, ist nicht offensichtlich. Um die Vorgehensweise zu formalisieren, kann man nacheinander die folgenden Schritte durchführen:

W. Roddeck, *Bondgraphen,* essentials,
https://doi.org/10.1007/978-3-658-25921-1_5

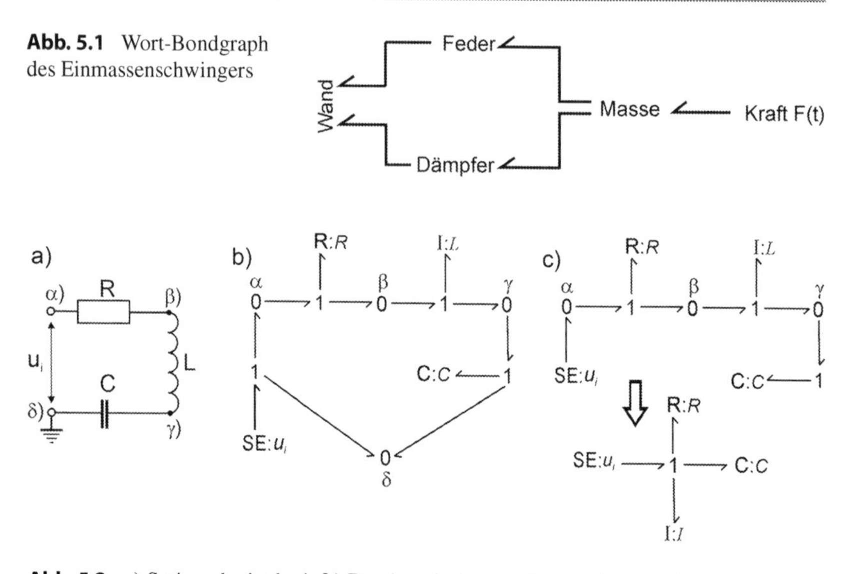

Abb. 5.1 Wort-Bondgraph des Einmassenschwingers

Abb. 5.2 **a)** Serienschwingkreis **b)** Bondgraph **c)** vereinfachter Bondgraph

1. Für jedes unterschiedliche Potenzial im Netzwerk zeichne eine 0-Verknüpfung
2. Elemente mit einem Leistungsbond wie Speicher- und Widerstandselemente oder Quellen werden direkt an eine 1-Verknüpfung angehängt und diese dann zwischen den entsprechenden Potenzialen (0-Verknüpfungen) eingefügt.
3. Allen Leistungsbonds wird eine Richtung des Leistungsflusses zugeordnet
4. Wenn das Null-Potenzial bekannt ist, lasse alle 0-Verknüpfungen, die diesem Potenzial entsprechen weg und alle Leistungsbonds, die mit der 0-Verknüpfung verbunden sind. Wenn das Null-Potenzial nicht bekannt ist, so wähle irgendein Potenzial (0-Verknüpfung) aus und gehe wie oben vor.
5. Vereinfache den Bondgraphen entsprechend den Regeln für die Vereinfachung

In Abb. 5.2 ist diese Vorgehensweise schrittweise in den Teilbildern a), b), c) für den Serienschwingkreis dargestellt. Im Schaltbild des Schwingkreises in Abb. 5.2a) sind alle unterschiedlichen Potenziale nach der Regel 1) mit den griechischen Buchstaben α, β, γ, δ markiert. Entsprechend werden in Teilbild b) für jedes unterschiedliche Potenzial 0-Junctions zum Aufbau des Bondgraphen gezeichnet.

Die entsprechenden 0-Junctions sind mit den zugehörigen griechischen Buchstaben gekennzeichnet. Zwischen den beiden Potenzialpunkten α und β befindet sich der Widerstand R. Deshalb wird entsprechend Regel 2) zwischen den beiden

0-Junctions eine 1-Junction eingefügt, an die das R-Element angehängt wird. Entsprechend wird mit den Elementen Kondensator und Spule verfahren. Da die Spannungsquelle im Bondgraphen durch eine Effortquelle SE modelliert wird, wird dieses Element mithilfe einer weiteren 1-Junction zwischen den entsprechenden Potenzialpunkten eingefügt.

Zum Schluss werden allen Leistungsbonds Richtungen zugeteilt, wobei nicht alle Richtungsvorgaben eindeutig geregelt sind. Bei der Quelle ist sie klar, da diese Leistung in das Netzwerk abgibt. Die Vorzeichenkonvention für die Richtung der Leistungsbonds von R-, C, und I-Elementen ist so, dass Leistung vom System in die Elemente fließt, was bei Speichern auch sinnvoll ist. Daher sind die zugehörigen Leistungsbonds in Richtung der Kennbuchstaben des Elementes positiv orientiert. Transformer und Gyratoren besitzen einen Eingang und einen Ausgang, also einen hinein- und einen herausführenden Leistungsbond. Die Richtung aller anderen Leistungsbonds zu und von den Junctions kann im Allgemeinen frei gewählt werden. Sollte die tatsächliche Richtung des Leistungsflusses von der gewählten Richtung des Bonds abweichen, so wird dies bei der Aufstellung des mathematischen Modells in der entsprechenden Gleichung durch ein umgekehrtes Vorzeichen berücksichtigt.

Nun kommt in Teilbild 5.2c) die 4) Regel zum Einsatz. Im Schwingkreis ist das „Null-Potenzial" eindeutig bekannt, es entspricht dem Potenzialpunkt δ. Daher können die zugehörige 0-Junction und die mit ihr verbundenen Leistungsbonds weggelassen werden (Teilbild 5.2c).

Der dadurch vereinfachte Bondgraph enthält nun Junctions, die nur noch 2-Leistungsbonds besitzen und daher, wie in Abschn. 4.6 dargestellt, durch einen einzigen Leistungsbond ersetzt werden können. Dieser letzte Schritt (Pfeil) führt zu dem endgültigen vereinfachten Bondgraphen im unteren Teil von Abb. 5.2c). Dieses Abb. wurde bereits in Abb. 4.15 vorweggenommen.

Um die Vorgehensweise nochmals zu demonstrieren, soll ein weiteres etwas komplexeres elektrisches Netzwerk (Abb. 5.3) behandelt werden. In diesem Netzwerk sind außer einer Spannungsquelle (Source of Effort) auch eine Konstantstromquelle (Source of Flow) enthalten. Punkte unterschiedlichen Potenzials sind hier mit *a, b, c, d* bezeichnet.

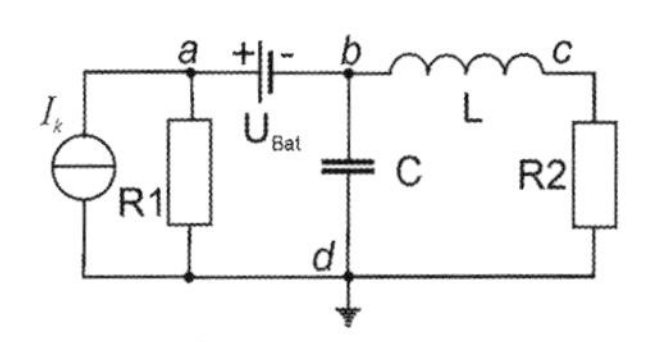

Abb. 5.3 Elektrisches Netzwerk mit Spannungs- und Stromquelle

In Abb. 5.4a) ist mithilfe der Regeln 1)–3) der erste Bondgraph entworfen worden, in dem die vier unterschiedlichen Potenziale durch 0-Junctions modelliert wurden und alle Elemente mit einem Leistungsbond zwischen diesen Potenzialen unter Verwendung von 1-Junctions eingefügt wurden. Die Richtung der Leistungsbonds dieser Bauelemente ist, wie im vorherigen Beispiel ausgeführt, gewählt worden. Die Verbindungen der Junctions wurden so orientiert, dass jede Junction mindestens einen hineinführenden und mindestens einen herausführenden Leistungsbond besitzt.

Der in Abb. 5.4b) dargestellte vereinfachte Bondgraph wurde durch Anwendung von Regel 4) gewonnen, indem das Nullpotenzial (*d*) und alle von dort ausgehenden Leistungsbonds weggelassen wurden. Im letzten Schritt 5) können vier 1-Junctions, die jetzt nur noch zwei Leistungsbonds besitzen, durch einen Leistungsbond ersetzt werden (Abb. 5.5). Dieses Bild wurde nicht mit einem Grafikprogramm durch Zeichnen gewonnen, sondern direkt mit einem Simulationssystem

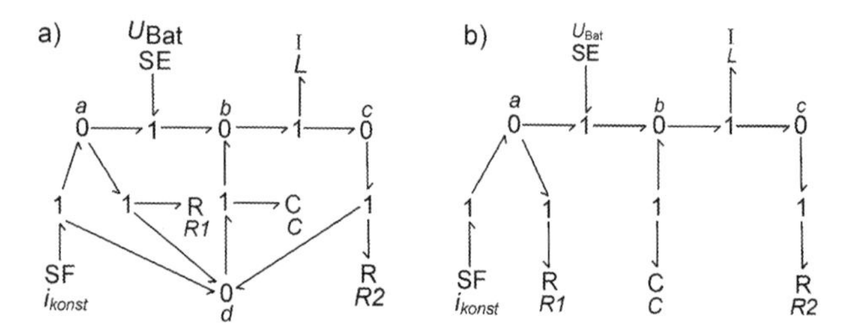

Abb. 5.4 Bondgraph des elektrischen Netzwerks aus Abb. 5.3 **a)** 1. Ansatz **b)** vereinfachter Bondgraph

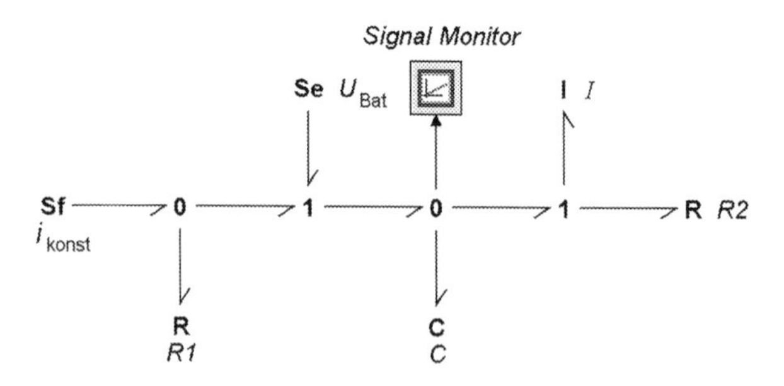

Abb. 5.5 Bondgraph des elektrischen Netzwerks aus Abb. 5.3 vereinfacht und modelliert mit 20-sim

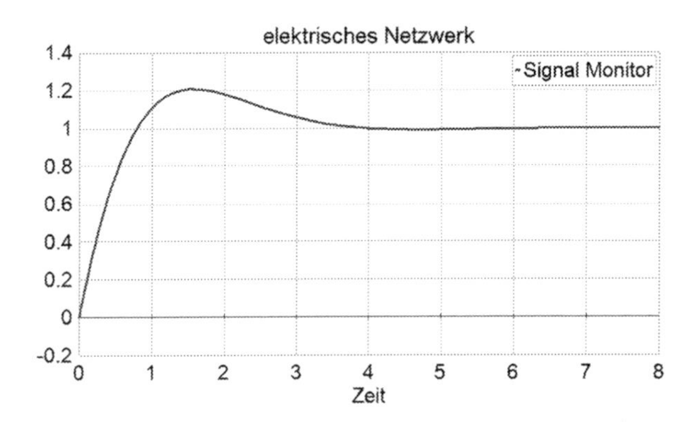

Abb. 5.6 Verlauf der Kondensatorspannung bei der Simulation des elektrischen Netzwerks

20-sim[1] erzeugt, in welchem der Bondgraph aus vorgefertigten Standardelementen mithilfe eines Grafikeditors erstellt wird. Aus diesem Graphen werden dann im Simulationssystem automatisch die Modellgleichungen erzeugt. Zusätzlich zu den Elementen in Abb. 5.4 ist hier im Abb. 5.5 noch ein „Signal Monitor" vorhanden. Mithilfe dieses Monitors, kann der Verlauf der Kondensatorspannung während einer Simulation aufgezeichnet werden. Da der Signalmonitor keine Leistung aufnimmt, sondern nur eine Spannung misst, ist er mit einem Informationsbond an die 0-Junction angebunden, an der auch der Kondensator mit einem Leistungsbond angebunden ist. Da in einer 0-Junction der Effort aller Bonds gleich ist, entspricht der Effort der Kondensatorspannung.

Hat man den Bondgraphen im Simulationssystem erstellt, so kann man sofort eine Simulation des dynamischen Verhaltens des Systems durchführen. Abb. 5.6 zeigt den vom Signalmonitor aufgezeichneten Verlauf der Kondensatorspannung während der Simulation. Da die Spannungs- und die Stromquelle zu Beginn der Simulation eingeschaltet werden, laden sich die Speicherelemente entsprechend einem Verzögerungssystem 2. Ordnung auf und die Spannung verbleibt dann auf einem konstanten Pegel.

[1]20-sim ist ein Simulationssystem der Fa. Controllabs Products B.V., Niederlande.

5.2 Mechanische Systeme

Bei den mechanischen Systemen ist schon einmal der Einmassenschwinger behandelt worden. In Abb. 5.7a) ist dieser dargestellt. Im Bild sind die unterschiedlichen im System vorkommenden Geschwindigkeiten, nämlich die der Masse v_2 und die der Wand v_1 eingezeichnet. Diese werden für die formalen Regeln zum Aufstellen des Bondgraphen benötigt.

Diese lauten:

1. Für jede unterschiedliche Geschwindigkeit (Translation oder Rotation) zeichne eine 1-Verknüpfung. Dabei kann es sich um absolute oder relative Geschwindigkeiten handeln.
2. Füge die Elemente mit nur einem Leistungsbond, die Kräfte (Momente) erzeugen, durch 0-Verknüpfungen zwischen den 1-Verknüpfungen ein. Dabei werden R- und C-Elemente (Federn, Dämpfer) durch einen Leistungsbond mit den 0-Verknüpfungen, I-Elemente (Massen) direkt mit der zugehörigen 1-Verknüpfung verbunden.
3. Alle Leistungsbonds erhalten eine Richtung des Leistungsflusses.
4. Eliminiere alle 1-Verknüpfungen, die der Geschwindigkeit „Null" entsprechen und die zugehörigen Leistungsbonds.
5. Vereinfache den Bondgraphen entsprechend den Regeln für die Vereinfachung.

In Abb. 5.7b) ist der nach den Regeln 1)–3) aufgestellte Bondgraph abgebildet.

Für die beiden Geschwindigkeiten v_1 und v_2 sind 1-Junctions gezeichnet worden. Die Masse hat die Geschwindigkeit v_2. An ihr greift die Kraft F an, die

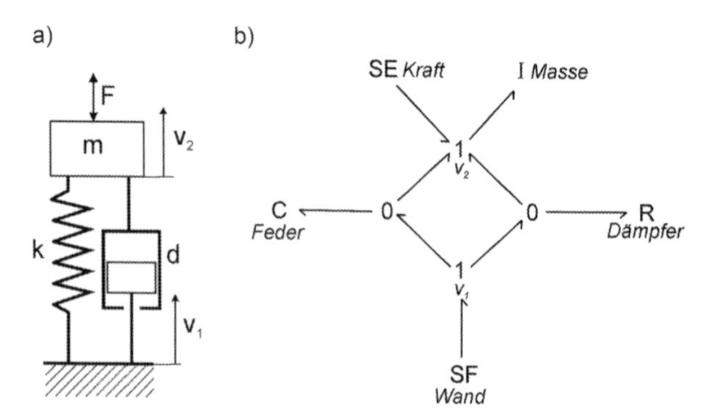

Abb. 5.7 Einmassenschwinger **a)** Schema **b)** Bondgraph

durch ein SE-Element modelliert wird. Da in der 1-Junctions alle Flows gleich sind, entspricht quasi die Junction geometrisch der Lage des Massenpunktes mit der Geschwindigkeit v_2. Die Eigenschaft Trägheit erhält der Massenpunkt durch das Anhängen des I-Elementes an die 1-Junction. Zwischen den beiden unterschiedlichen Geschwindigkeiten (1-Junctions) werden mit 0-Junctions die C- und R-Elemente eingefügt. Die Geschwindigkeit v_1, die im vorliegenden Fall den Wert „Null“ besitzt, ist die Geschwindigkeit der Wand. Dieser geometrische Punkt könnte natürlich auch eine von Null verschiedene Geschwindigkeit haben. Um die Geschwindigkeit v_1 der 1-Junction zu erzeugen, wird im Modell eine Flow-Quelle SF benötigt, die die Geschwindigkeit der Wand liefert.

Nach Regel 4) können nun, wie in Abb. 5.8 gezeigt, die 1-Junction mit der Geschwindigkeit $v_1 = 0$ und alle mit ihr verbundenen Leistungsbonds entfernt werden.

Das Weglassen der 0-Junctions kann nun nach Regel 5) erfolgen und liefert einen vereinfachten Bondgraphen für den Einmassenschwinger, wie er in Abb. 4.15 vorweggenommen wurde.

Vergleicht man diesen Bondgraphen des Einmassenschwingers (Abb. 5.8) mit dem des Serienschwingkreises in Abb. 5.2, so sieht man, dass beide identisch sind. Auf dieser Ebene der Modellbildung kann man daher viel einfacher erkennen, dass das prinzipielle dynamische Verhalten beider Systeme gleich sein muss und Unterschiede im zeitlichen Verlauf von Zustandsgrößen nur auf unterschiedlichen Parametern der elementaren Bauteile beruhen. Anhand der Schaltpläne oder topologischen Zeichnungen der Systeme wäre eine solche Erkenntnis kaum möglich gewesen. Auch die Tatsache, dass die Systeme unterschiedlichen Domänen zugehören, spielt bei den gewonnenen Modellen in Form von Bondgraphen keine Rolle mehr.

Auch für die mechanische Domäne soll nun ein etwas komplizierteres System modelliert werden, um die Vorgehensweise der Erstellung des Bondgraphen weiter zu vertiefen.

In Abb. 5.9 ist ein mechanisches System mit Federn und Dämpfer, sowie Umlenkrollen, Seil und Hebelübersetzung abgebildet. Um mit der Modellierung zu beginnen, sind in diesem Abb. die fünf unterschiedlichen Geschwindigkeiten

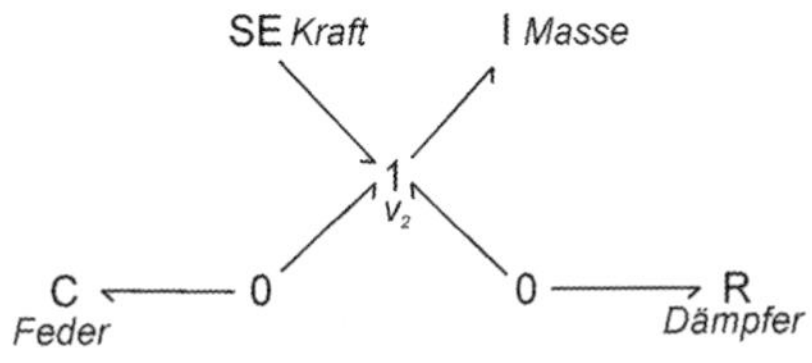

Abb. 5.8 Vereinfachter Bondgraph des Einmassenschwingers

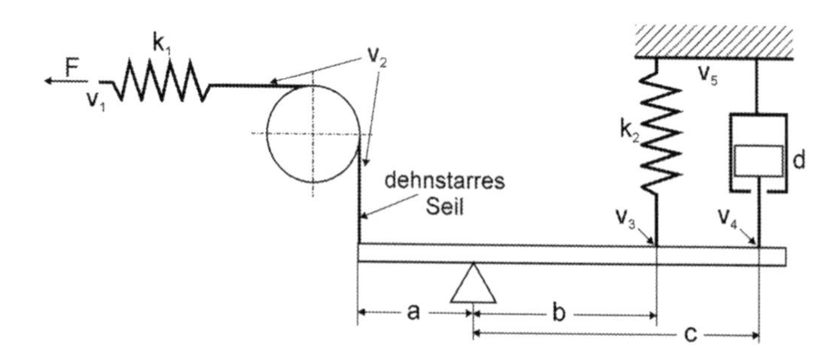

Abb. 5.9 Mechanisches System aus Feder-/Dämpferelementen und Hebel

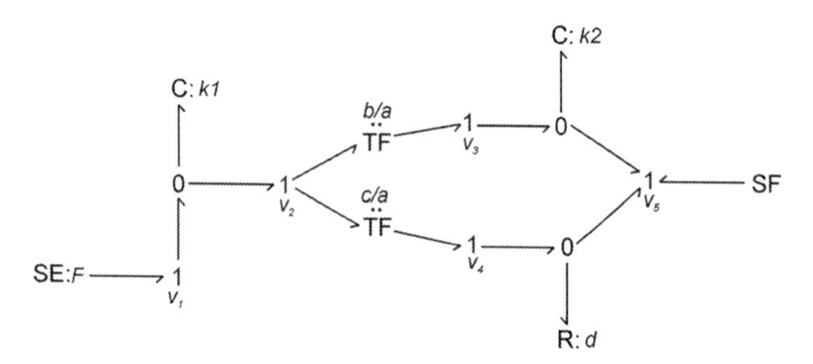

Abb. 5.10 Bondgraph des mechanischen Systems aus Abb. 5.9

innerhalb des mechanischen Systems mit v_1–v_5 bezeichnet. Die Anwendung der Regeln 1)–3) liefert den Bondgraphen in Abb. 5.10, für den jeweils fünf 1-Junctions, die den fünf Geschwindigkeiten entsprechen, verwendet wurden. Die Verbindung zwischen der ersten Feder und der linken Seite des Hebels erfolgt über ein dehnstarres Seil, das über eine masselose Rolle umgelenkt wird. Aufgrund dieser vereinfachenden Annahmen tragen diese Bauteile nicht zum dynamischen Verhalten des Systems bei. Würde man nicht diese Vereinfachung vornehmen, so müsste das Seil auch durch ein elastisches C-Element und die Rolle durch ein drehträges I-Element modelliert werden. Im gewählten Modell kann die elastische Feder (k_1) einfach mithilfe einer 0-Junction zwischen den beiden Geschwindigkeiten (1-Junctions) v_1 und v_2 als C-Element eingefügt werden. Der Hebel ist auf der Eingangsseite mit dem Seil und auf der Ausgangsseite an zwei unterschiedlichen Punkten mit jeweils einem Dämpfer und einer Feder verbunden.

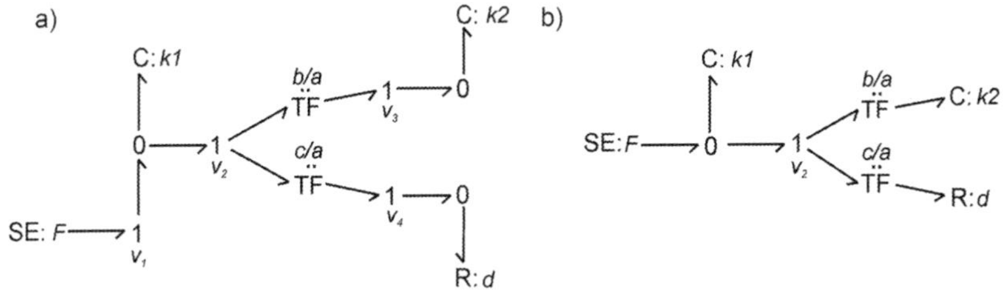

Abb. 5.11 Schrittweise vereinfachter Bondgraph des mechanischen Systems

Ein Hebel kann wie ein Radgetriebe (Abb. 4.7b) als Transformer modelliert werden. Der Hebel liefert aufgrund unterschiedlicher Hebelarme an seinem Ausgang zwei unterschiedliche Geschwindigkeiten v_3 und v_4, sodass im Modell zwei Transformer mit unterschiedlichen Transformerfaktoren b/a und c/a verwendet werden. Da die Ausgänge der Transformer die Geschwindigkeiten v_3 und v_4 (1-Junctions) liefern, können hier die Feder mit der Steifigkeit k_2 und der Dämpfer mit der Dämpfungskonstante d durch 0-Junctions angebunden werden. Die Enden dieser Elemente sind beide mit der Wand verbunden und haben daher die Wandgeschwindigkeit v_5. Diese wird von einer Flowquelle geliefert.

Nun kann man den Bondgraphen entsprechend Regel 4) vereinfachen (Abb. 5.11), da die Wandgeschwindigkeit $v_5 = 0$ ist und daher die rechte 1-Junction und alle zugehörigen Leistungsbonds und die Flowquelle weggelassen werden können.

Abschließend können nach Regel 5) die mit v_1, v_3 und v_4 beschrifteten 1-Junctions und die beiden 0-Junctions, mit denen das C-Element k_2 und das R-Element d eingefügt wurden, entfernt werden (Abb. 5.11b).

5.3 Kausalität in Bondgraphen

In unserer physikalischen Welt bezeichnet der Begriff ***Kausalität*** (engl. causality) den Zusammenhang zwischen ***Ursache*** und ***Wirkung.*** In der Regel geht man davon aus, dass in einer strengen zeitlichen Reihenfolge jedem auftretenden Ereignis eine Ursache vorhergehen muss.

Um aus einem Bondgraphen das mathematische Modell in Form von Gleichungen gewinnen zu können, muss das Konzept der Kausalität dem Graphen hinzugefügt werden. Denn wenn beispielsweise eine Spannungsquelle ein System speist (Effort), so hängt es vom Innenwiderstand des Systems ab, welcher Strom (Flow) aus der Quelle herausfließt. Mit Bezug auf die Kausalität ist die Spannung die ***Ursache*** dafür, dass als ***Wirkung*** ein Strom durch das System auftritt. Dies bedeutet, es gibt eine unabhängige Systemvariable und eine weitere Systemvariable, die von den Eigenschaften des betreffenden Systems abhängt. Diese Information über die Kausalität, mit dem Informationsgehalt von einem Bit, muss auch im Bondgraphen berücksichtigt werden. Folgende Eigenschaften des Bondgraphen waren in diesem Zusammenhang bereits festgelegt worden:

- Die Richtung des Leistungsflusses zwischen zwei Punkten im System wird durch einen Halbpfeil gekennzeichnet.
- In Pfeilrichtung des Halbpfeils hat der Leistungsfluss ein positives Vorzeichen.
- Obwohl die Leistung das Produkt aus Effort und Flow ist, bezeichnet die Richtung des Halbpfeils weder die Richtung des Efforts noch des Flows, sondern nur die Richtung ihres Produktes, der Leistung.

In Abb. 5.12a) ist nochmals der bekannte Leistungsbond dargestellt, an dem die beiden generalisierten Variablen Effort e und Flow f ober- und unterhalb notiert sind. Hat man nun beispielsweise (Abb. 5.12b) eine Effortquelle in Form einer Kraft, die auf eine Masse m wirkt, so ist der Bondgraph ein Leistungsbond, der an der linken Seite die Quelle hat und dessen rechte Seite das System in Form der Masse beeinflusst. Es fließt nun die ***Effortinformation*** in das System „Masse", aber das System bestimmt die Größe des Flows und sendet diese ***Flowinformation*** zurück an die Effortquelle. Die Kraft (Effort) bewirkt daher, mit welcher Geschwindigkeit (Flow) sich die Masse bewegen wird. Die Geschwindigkeit der Masse wiederum wird durch die Art und Weise festgelegt, in der die Kraft die Masse beeinflusst. Dies kann man so interpretieren, dass die Effortinformation in das System „Masse" hineinfließt und dass das System die Flowinformation an die Effortquelle (Kraft) zurück liefert. Dies ist in Abb. 5.12b) durch die Pfeilrichtungen an den Effort- und Flowvariablen angedeutet. Würde eine Flowquelle ein System speisen, so wären die Richtungen von Effort und Flow genau umgekehrt, d. h. die Flowquelle lässt einen Flow in das System hineinfließen und dieses reagiert darauf, indem es einen Effort an die Quelle zurücksendet. Jedes

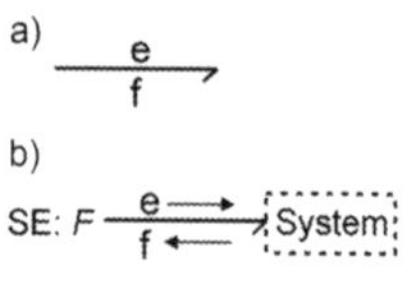

Abb. 5.12 **a)** Leistungsbond mit Effort und Flow **b)** Effort- und Flowrichtung bei einer Effortquelle

a) e f

b) SE: F e f System

reale Bauteil kann immer *nur eine* der beiden Variablen steuern und erhält von außen die andere als Information aufgeprägt. Daraus folgt:

- Effort und Flow haben immer entgegengesetzte Richtung.

Da die zusätzlichen Richtungspfeile wie in Abb. 5.12b) die Übersichtlichkeit des Bondgraphen negativ beeinflussen würden und die benötigte Information nur 1 Bit beträgt, wird als Symbol ein kleiner Querstrich an einem der Enden eines Leistungsbonds verwendet. Die Position des Querstrichs am Anfang oder am Ende des Leistungsbonds zeigt dasjenige Ende an, in dessen Richtung die Effortinformation fließt. Abb. 5.13 zeigt Beispiele für jeweils eine Effort- und eine Flowquelle, wobei hier noch zusätzlich Richtungspfeile vorhanden sind, um die Bedeutung des ***Kausalitäts-Querstrichs*** herauszustellen. In später zu zeichnenden Bondgraphen wird stets nur der Querstrich zur Charakterisierung der Effortrichtung verwendet. Durch die Kennzeichnung mit dem Querstrich wird damit eindeutig die Kausalität eines Leistungsbonds und damit die Richtung von Effort und Flow festgelegt.

Beim Transformer stehen sowohl der Effort als auch der Flow auf der Eingangsseite in einem durch den Transformerfaktor bestimmten Verhältnis zu Effort und Flow auf der Ausgangsseite. Da nicht festgelegt ist, welche Seite des Transformers Ein- bzw. Ausgang ist, sind zwei verschiedene Kausalstrukturen möglich. Abb. 5.14a) zeigt diese beiden Kausalstrukturen. Im ersten Fall fließt Flow auf der linken Seite in den Transformer und dieser sendet Effortinformation zurück, d. h. der kausale Querstrich befindet sich an der linken Seite des linken Leistungsbonds.

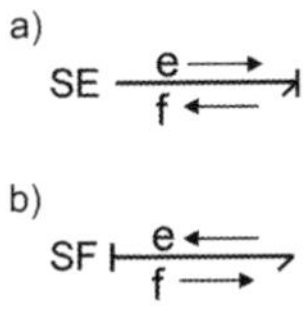

Abb. 5.13 Kausalitäts-Querstriche **a)** Effortquelle **b)** Flowquelle

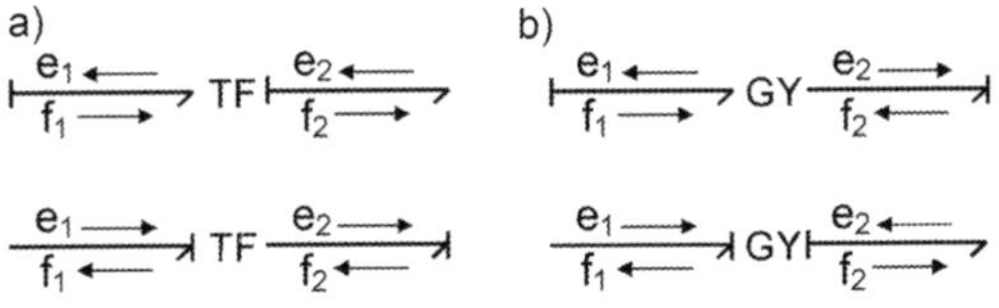

Abb. 5.14 Mögliche Anordnungen kausaler Querstriche **a)** Transformer **b)** Gyratoren

Entsprechend muss der rechte Leistungsbond den Querstrich an der gleichen Seite besitzen. Im zweiten Fall fließt Effort in den linken Leistungsbond, sodass der Querstrich an der rechten Seite des Bonds sein muss und ebenso am Leistungsbond auf der rechten Seite des Transformers.

Dieser beiden unterschiedlichen Kausalitätszuweisungen ermöglichen es später in komplexeren Bondgraphen durch Wahl einer der beiden Kausalitätszuweisungen ***Kausalitätskonflikte*** zu vermeiden. Solche Konflikte zeigen an, dass im Modellentwurf ein Fehler oder Problem vorliegt.

Beim Gyrator steht der Effort auf der Eingangsseite in einem durch den Gyratorfaktor bestimmten Verhältnis zum Flow auf der Ausgangsseite und umgekehrt. Fließt im ersten Fall die Flowinformation in den linken Leistungsbond des Gyrators (Abb. 5.14b), so muss die Effortinfomation am rechten Leistungsbond die gleiche Richtung haben. Die jeweils anderen Informationen am gleichen Leistungsbond sind ja immer entgegengesetzt gerichtet. Im zweiten Fall sind die Verhältnisse einfach umgekehrt. Auch hier ermöglichen die zwei unterschiedlichen Kausalitätszuweisungen Kausalitätskonflikte im Bondgraphen zu vermeiden.

Bei 0-Verknüpfung sind alle Efforts an allen Bonds gleich, während die Flows unterschiedlich sind. Genau ein Bond führt der Verknüpfung (Junction) die Effortinformation zu und alle anderen Bonds führen die gleiche Effortinformation von der Junction weg. Daher zeigt das mit kausalen Querstrichen versehene Bild einer 0-Verknüpfung in Abb. 5.15a), dass ein Bond (1) den Querstrich direkt an der der Junction zugewandten Seite führt und alle anderen (1.1–1.4) am jeweils von der Junction abgewandten Ende. Der die Effortinformation zuführende Leistungsbond (1) wird daher auch als ***starker Bond*** bezeichnet.

Bei einer 1-Verknüpfung sind alle Flows gleich und die Efforts verschieden. Hier bringt genau ein Leistungsbond (2) die Flowinformation zur Junction und alle andern Bonds (2.1–2.4) führen diese Flowinformation von der Junction weg. Wie in Abb. 5.15b) dargestellt, gibt es daher einen Bond der den Querstrich am von der Junction abgewandten Ende trägt (Floweingang bedeutet Effort in umgekehrter Richtung) und alle anderen Bonds tragen den Querstrich an der

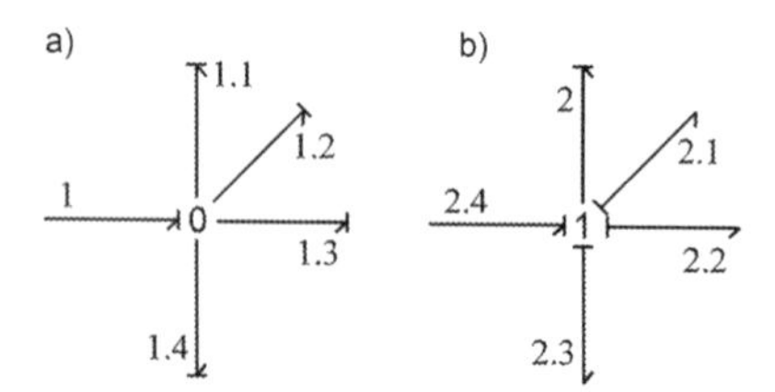

Abb. 5.15 Kausaler Querstriche bei Verknüpfungen **a)** 0-Junction **b)** 1-Junction

der Junction zugewandten Seite. Diese jeweilige Kausalstruktur ist für Verknüpfungen *zwingend*, es gibt keine alternativen Möglichkeiten wie bei Transformer und Gyrator.

Speicherelemente nehmen aus dem System Energie auf ohne sie zu dissipieren, speichern sie und geben sie zu einem anderen Zeitpunkt wieder an das System ab. Will man hier die Kausalität festlegen, so zeigt sich, dass es zwei unterschiedliche Formen von Kausalität bei diesen Elementen gibt. Diese beiden Kausalitäten werden als ***integrale*** und ***differentielle Kausalität*** bezeichnet.

Integrale Kausalität bedeutet, dass Ursachen der Vergangenheit integriert oder angesammelt wurden, um den augenblicklichen Zustand zu erreichen. Es besteht dann folgender mathematischer Zusammenhang:

$$\text{Zustandsgröße(aktuell)} = \int \text{Ursache(Vergangenheit)}\mathrm{d}t$$

Differentielle Kausalität bedeutet, dass die Ableitung der momentanen Ursache den Zustand in der Zukunft bestimmt. Der mathematische Zusammenhang ist:

$$\frac{\mathrm{d(Ursache(aktuell))}}{\mathrm{d}t} = \text{Zustandsgröße(zukünftig)}$$

Da differentielle Kausalität das System von der Zukunft abhängig macht, ist diese weniger akzeptabel als integrale Kausalität. Allerdings ist integrale Kausalität nicht immer einzuhalten, vor allem wenn das System mehrere Speicher enthält, deren Zustandsvariablen *nicht unabhängig* voneinander sind. Manchmal deuten bei der Kausalitätszuweisung sich ergebende differentielle Kausalitäten darauf hin, dass bei der Modellierung unzulässige Annahmen getroffen worden sind. Dies wird später noch anhand eines Beispiels verdeutlicht.

Die konstituierende Gleichung des I-Elementes (Abschn. 4.2) lautet:

$$p = I \cdot f = \int^t e \cdot \mathrm{d}t \quad \text{oder} \quad \frac{1}{I}\int^t e \cdot \mathrm{d}t = f$$

Daher ist der Flow hier integrierter oder akkumulierter Effort. Dies kann man so interpretieren, dass über die Zeit akkumulierter Effort den Flow verursacht, was der integralen Kausalität entspricht. Die bevorzugte kausale Struktur des I-Elementes sollte daher sein, dass dieses vom System Effortinformation erhält und daraufhin Flowinformation an das System zurück liefert. Wie in Abb. 5.16a) gezeigt, bedeutet das, dass der kausale Querstrich am Ende des in das I-Element führenden Leistungsbonds angebracht wird. Wie schon beschrieben, kann jedoch auch die in Abb. 5.16b) gezeigte differentielle Kausalität vorliegen. Für sie gilt:

$$e = \frac{\mathrm{d}p}{\mathrm{d}t} = I \cdot \frac{\mathrm{d}f}{\mathrm{d}t}$$

Da bei differentieller Kausalität Flowinformation aus dem System in das I-Element fließt, bedeutet die letzte Gleichung, dass die Ableitung des aktuellen Flows die zurückgelieferte Effortinformation erzeugt.

Die konstituierende Gleichung des C-Elementes (Abschn. 4.2) lautet:

$$e = \frac{1}{C} \cdot q \quad \text{oder} \quad f = C \cdot \frac{\mathrm{d}e}{\mathrm{d}t} \cdot \frac{1}{C} \int^{t} f \cdot \mathrm{d}t = e$$

Dies bedeutet, dass über die Zeit integrierter oder akkumulierter Flow den Effort verursacht. Die bevorzugte kausale Struktur des C-Elementes sollte daher sein, dass dieses vom System Flowinformation erhält und daraufhin Effortinformation an das System zurück liefert.

Wie in Abb. 5.16c) gezeigt, bedeutet das, dass der kausale Querstrich am Anfang des in das C-Element führenden Leistungsbonds angebracht wird. Wie schon beschrieben, kann jedoch auch die in Abb. 5.16d) gezeigte differentielle Kausalität vorliegen. Für sie gilt:

$$f = \frac{\mathrm{d}q}{\mathrm{d}t} = C \cdot \frac{\mathrm{d}e}{\mathrm{d}t}$$

Das R-Element kann keine Energie speichern, sondern dissipiert diese. Seine konstituierende Gleichung

$$e = R \cdot f$$

ist ein einfacher algebraischer Ausdruck, sodass keine zeitlichen Präferenzen zwischen Effort und Flow vorliegen. Es kann sowohl Effort- als auch Flowinformation in das Element fließen, woraus sich sofort mithilfe obiger Gleichung die entsprechende andere Größe ergibt. Es können daher beide in Abb. 5.17 gezeigte kausale Strukturen verwendet werden. Wie beim Transformer und Gyrator kann dies benutzt werden, um Kausalitätskonflikte in Bondgraphen zu beheben.

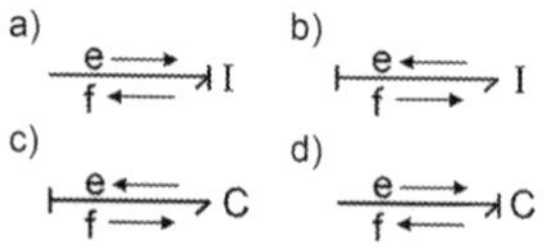

Abb. 5.16 Kausalität von Speichern **a)** integrale **b)** differentielle Kausalität des I-Elementes **c)** integrale **d)** differentielle Kausalität des C-Elementes

Abb. 5.17 Die beiden möglichen Kausalitäten von R-Elementen

5.4 Kausalitätszuweisung in Bondgraphen

Nachdem die möglichen Kausalitäten der Grundelemente beschrieben wurden, bedarf es einer formalen Vorgehensweise, wie einem kompletten Bondgraphen die Kausalitäten zugewiesen werden. Dies sollte so geschehen, dass keine Kausalitätskonflikte im Graphen auftreten und dass die Speicherelemente ***integrale Kausalität*** besitzen. Ist das Letztgenannte nicht möglich, so weist das möglicherweise auf Fehler im Modellbildungsprozess hin. Im Folgenden wird eine algorithmische Vorgehensweise für die Kausalitätszuweisung beschrieben:

1. Man beginnt die Kausalitätszuweisung mit irgendeiner Quelle und gibt ihr die zugeordnete Kausalität. Dann fährt man von dort in den Graphen hinein mit der Zuweisung fort, indem man 0-, 1-, TF- und GY-Elementen mögliche Kausalitäts-Querstriche zuweist.
2. Schritt 1) wird nacheinander für alle Quellen durchgeführt.
3. Nun wählt man einen Speicher (C-, I-Element) aus und weist ihm integrale Kausalität zu. Wie in Schritt 1) wird dann die Kausalitätszuweisung der 0-, 1-, TF- und GY-Elemente fortgesetzt.
4. Schritt 3) wird nacheinander für alle Speicherelemente durchgeführt.
5. Man wählt ein R-Element und gibt ihm eine beliebige Kausalität. Diese wählt man so, dass es zu keinem Kausalitätskonflikt an 0-, 1-, TF- und GY-Elementen kommt.
6. Schritt 5) wird nacheinander für alle R-Elemente durchgeführt.
7. Allen noch nicht mit einem Kausalitäts-Querstrich versehenen Bonds wird nun beliebig ein solcher zugewiesen, ohne dass es zu einem Kausalitätskonflikt kommt.

Danach sollten alle Bonds des gesamten Bondgraphen mit zulässigen Kausalitäten versehen sein. Es kann vorkommen, dass man ein Speicherelement mit differentieller Kausalität versehen muss, um Kausalitätskonflikte zu vermeiden. Dies führt zu Problemen im mathematischen Modell und weist darauf hin, dass möglicherweise beim Aufstellen des Modells falsche Annahmen gemacht wurden. Weiter unten wird in einem Beispiel behandelt, was in einem solchen Fall zu tun ist.

Zunächst soll aber an einem einfachen Bondgraphen die oben beschriebene formale Vorgehensweise demonstriert werden. Dabei ist der gegebene Bondgraph am Anfang (Abb. 5.18a) nur mit ungerichteten Bonds versehen, um zu zeigen, dass die Zuweisung der Kausalitäten unabhängig von der Zuweisung von Richtungen der Leistungsbonds erfolgen kann. Die Richtungszuweisung wird daher erst ganz am Ende vorgenommen.

Im ersten Teilschritt (Abb. 5.18b) wird, entsprechen Punkt 1) der oben angeführten Vorgehensweise, der die Flowquelle speisende Bond 1 mit der festgelegten Kausalität (Flow fließt ins System) versehen. Die übrigen Bonds 2 und 3 der 0-Junction können noch nicht mit Kausalitäten versehen werden, da eine 0-Junction nur durch einen Leistungsbond mit Effort gespeist wird, der dann an allen anderen Bonds gleich ist. Weitere Quellen sind nicht vorhanden, sodass nun nach Punkt 3) dem Bond 2 des ersten Speichers (C-Element) integrale Kausalität zugeordnet wird (Abb. 5.18c). Dadurch ist jetzt der Effort-Eingang der 0-Junction festgelegt, wodurch ebenfalls entsprechend Punkt 3) die Kausalität von Bond 3 direkt festgelegt werden kann. Nun wird in Abb. 5.18d) der Bond 5 des nächsten Speichers (I-Element) mit integraler Kausalität versehen. Zum Schluss verbleibt das R-Element ohne Kausalität, die nun nach Punkt 5) für den Bond 4 so gewählt werden kann, dass die Kausalität der 1-Junction den Erfordernissen entspricht. In einer 1-Junction gibt es nur einen Flow-Eingang, sodass der kausale Querstrich des Bonds 4 direkt an der 1-Junction angebracht werden muss.

Damit konnte die Kausalitätszuweisung des Bondgraphen ohne Konflikte erfolgen, unabhängig von der Richtung der Leistungsbonds. Dies erfolgt im Teilbild 5.18e). Für Speicher und R-Elemente ist die Richtung (in das Bauelement hinein) eindeutig vorgegeben. Bei einer Quelle fließt die Leistung aus der Quelle ins System. Der verbleibende Bond 3 kann entweder wie im Bild oder auch umgekehrt orientiert werden, ohne dass dadurch die Kausalitätszuweisung verändert wird.

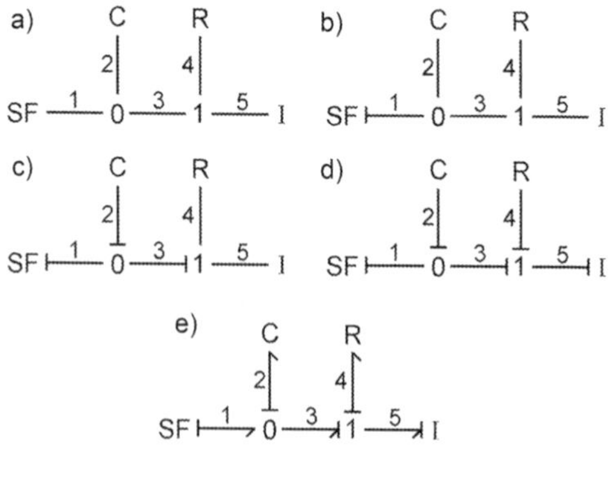

Abb. 5.18 Schrittweise Zuweisung von Kausalitäten und Richtung des Leistungsflusses an einem Bondgraphen

Als weiteres Beispiel soll der in Abb. 5.11b) dargestellte vereinfachte Bondgraph eines mechanischen Systems (Abb. 5.9) Kausalitäten zugewiesen bekommen. Beginnt man mit der Effortquelle (Abb. 5.19), so bekommt der Bond 1 einen kausalen Querstrich auf der Seite der 0-Junction. Diese Flow-Junction hätte dann schon die vollständige kausale Zuweisung, weil eine solche Verknüpfung nur einen Effort-Eingang (Bond 1) besitzt und der Effort an den Bonds 2 und 3 gleich sein muss. Als nächstes würde man dem ersten C-Element am Bond 2 seine Kausalität zuweisen. Dabei stellt man jedoch fest, dass hierfür nur eine differentielle Kausalität möglich ist, um nicht die erforderliche Kausalitätszuweisung der 0-Junction zu verletzen. Dies weist auf ein Modellproblem hin.

Betrachtet man das Schema des mechanischen Systems in Abb. 5.9, so wird auch schnell klar, worin das Problem besteht. Das System enthält überhaupt keine Masse, eine Vereinfachung, die einem mechanischen System jede Realitätsnähe raubt. So kann die Erregerkraft *F*, die durch eine Effortquelle SE modelliert wurde, nur auf ein massebehaftetes Bauelement wirken. In Abb. 5.20 ist das System mit einer eingefügten Masse *m* gezeichnet, die beispielsweise die gesamte bewegte Masse des Systems symbolisiert und auf deren Schwerpunkt die Erregerkraft wirken kann.

Ein Vorteil der Bondgraphen-Methode ist es, dass man diese fehlende Masse *m* einfach nachträglich in das Modell einfügen kann. Dies geschieht mit einer

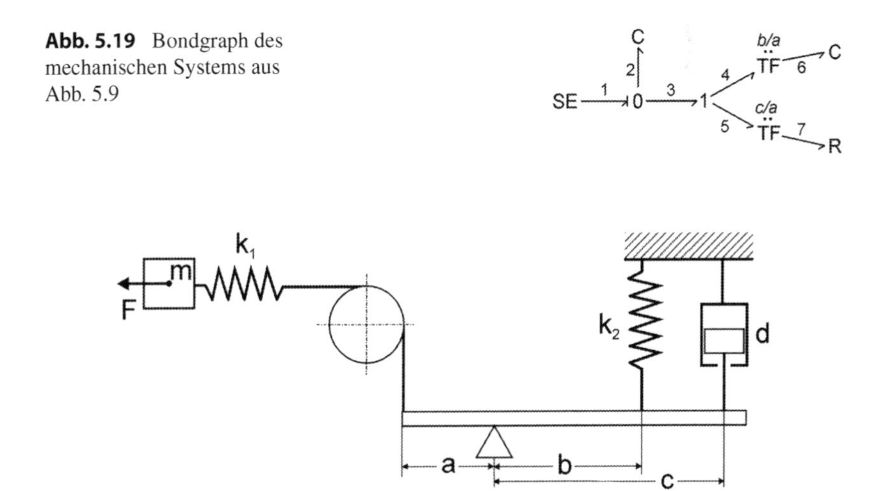

Abb. 5.19 Bondgraph des mechanischen Systems aus Abb. 5.9

Abb. 5.20 Um eine Masse *m* erweitertes mechanisches System

1-Junction für die Geschwindigkeit v_1, die im Modell in Abb. 5.10 bereits vorhanden war, dann aber in Abb. 5.11b) regelkonform entfernt wurde.

Beginnt man nun erneut mit der Kausalitätszuweisung in Abb. 5.21a), so lässt sich das I-Element über den Bond 3 integrale Kausalität zuweisen, woraus sofort die Kausalität für Bond 2 folgt. Der zweite Speicher, das C-Element, das in Abb. 5.19 noch differentielle Kausalität hätte bekommen müssen, kann nun ebenfalls mit integraler Kausalität an Bond 4 versehen werden. Dies wiederum hat sofort die Kausalität von Bond 5 zur Folge. Gibt man nun dem dritten Speicher, dem C-Element an Bond 8, ebenfalls integrale Kausalität (Abb. 5.21b), so muss der Transformer an seinem Bond 6 die gezeigte Kausalität erhalten. Das wiederum hat wegen der 1-Junction zur Folge, dass Bond 7 den kausalen Querstrich am anderen Ende wie Bond 6 erhalten muss. Dies stellt kein Problem dar, weil Transformer zwei mögliche Kausalitätszuweisungen besitzen. Bond 9 muss nun natürlich wegen des Transformers den kausalen Querstrich am gleichen Ende wie Bond 7 besitzen. Dies verursacht ebenfalls kein Problem beim R-Element, da dieses beide Kausalitäten besitzen kann. Damit ließ sich nun eine komplette widerspruchsfreie Kausalitätszuweisung mit integraler Kausalität der Speicher vornehmen.

Abschließend soll anhand eines Beispiels aus der Mechanik nochmals die gesamte Vorgehensweise der Erstellung, Minimierung und Kausalitätszuweisung des Bondgraphen, sowie der Korrektur des Modells dargestellt werden.

Das Abb. 5.22 zeigt ein Vorschubsystem bestehend aus einem rotatorischen Antriebsteil und einer Zahnstange, die elastisch und dämpfend mit der festen Umgebung verbunden ist. Das Antriebsmoment M_A sorgt dafür, dass sich die Einheit aus Ritzel, Welle und Antriebsrad linear verschiebt, während das Ritzel auf der Zahnstange abrollt.

Bei der Modellbildung ist es von Bedeutung, ob man Körper als starr oder elastisch annimmt und ob dissipative Vorgänge wie Reibung und Dämpfung auftreten. Massive Bauteile wie die Zahnstange mit der Masse m, oder die Räder mit den Trägheitsmomenten J_1 und J_2, können sicher ohne zu große Einschränkungen

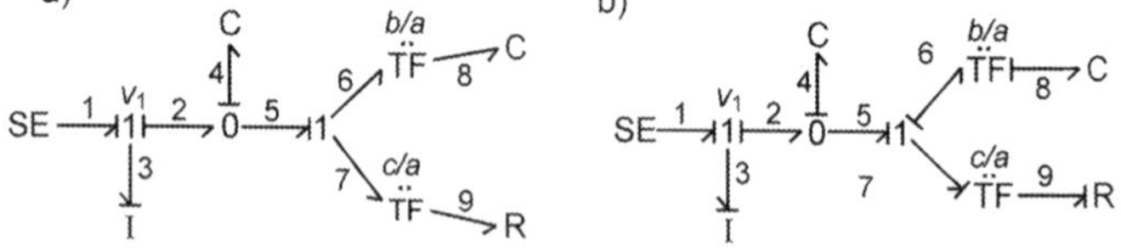

Abb. 5.21 Schrittweise Kausalitätszuweisung im geänderten Modell

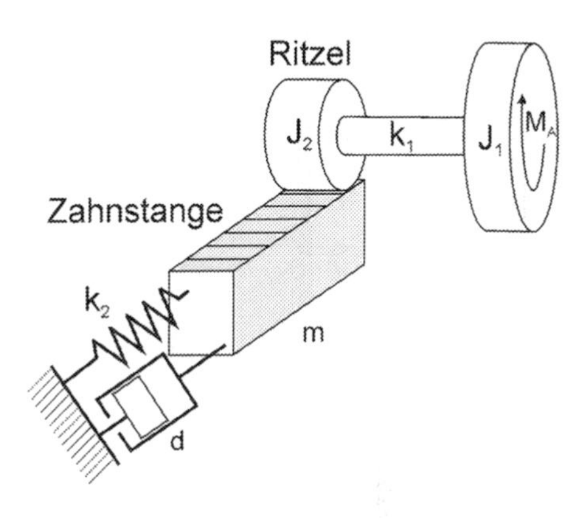

Abb. 5.22 Mechanisches Vorschubsystem

als ***Starrkörper*** modelliert werden, wobei diese die für die Modellbildung wichtige Eigenschaft der Drehträgheit (J_1, J_2) besitzen. Die relativ dünne Verbindungswelle der beiden Räder wird aber besser als ***elastisch verformbar*** angesehen und als Torsionsfeder mit der Federsteifigkeit k_1 modelliert.

Aufgrund des im Vergleich zu den Rädern geringen Durchmessers kann man jedoch ihre Drehträgheit vernachlässigen, weil für das Trägheitsmoment eines Zylinders mit Radius r um seine Symmetrieachse gilt:

$$J_{zz} = \frac{m}{2} r^2$$

Die Verbindung der gesamten Vorschubeinheit mit der festen Außenwelt wird ebenfalls als elastisch (Feder k_2) und dämpfend (Dämpfer d) angenommen.

Für das Zeichnen des Bondgraphen eines mechanischen Systems müssen zuerst alle im System auftretenden unterschiedlichen translatorischen oder rotatorischen Geschwindigkeiten identifiziert werden. Der Abb. 5.23 kann man entnehmen, dass es vier unterschiedliche Geschwindigkeiten gibt, nämlich die translatorischen Geschwindigkeiten der festen Einspannung (v_1) und der Zahnstange (v_2) und die rotatorischen Winkelgeschwindigkeiten des Ritzels (ω_2) und des Antriebsrades (ω_1). Diese beiden Geschwindigkeiten sind unterschiedlich, da die Verbindungswelle als elastisch angenommen wurde. Daher werden für den Bondgraphen entsprechend Regel 1) für mechanische Systeme vier Effort-Junctions gezeichnet.

Zwischen den 1-Junctions der Umgebung (v_1) und der Zahnstange (v_2) liegen die Feder und der Dämpfer die als C- und R-Element modelliert und mit 0-Junctions zwischen den beiden 1-Junctions eingefügt werden. Die Masse der Zahnstange, die die Geschwindigkeit v_2 besitzt, wird als I-Element direkt an

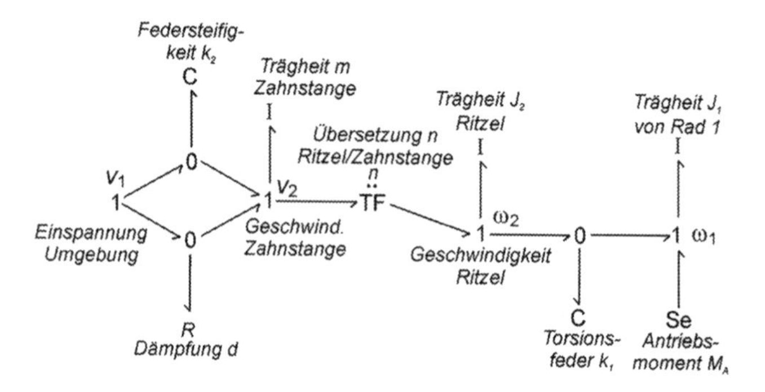

Abb. 5.23 Bondgraph des mechanischen Vorschubsystems

die zugehörige 1-Junction (v_2) angehängt. Die Übersetzung n zwischen Ritzel und Zahnstange, die die translatorische Geschwindigkeit v_2 in die rotatorische Geschwindigkeit ω_2 umwandelt, wird durch einen Transformer mit dem Transformerfaktor n modelliert. Zwischen den beiden 1-Junctions für die rotatorischen Geschwindigkeiten ω_1 und ω_2 liegt die Torsionsfeder k_1, die als C-Element mit einer 0-Junction eingefügt wird, die Drehträgheit J_2 des Ritzels wird direkt an die 1-Junction für ω_2 angehängt. An der letzten 1-Junction für ω_1 wird die Drehträgkeit J_1 des Antriebsrades und das Antriebsmoment M_A als Effortquelle angehängt.

In Abb. 5.24 wurde noch eine Vereinfachung des Bondgraphen vorgenommen, da die Geschwindigkeit der Einspannstelle (Umgebung) $v_1 = 0$ ist. Daher kann die zugehörige 1-Junction weggelassen werden, wodurch die beiden 0-Junctions von Feder und Dämpfer nur noch jeweils zwei Leistungsbonds besitzen und daher ebenfalls weggelassen werden können.

In Abb. 5.25 soll nun dem vereinfachten Bondgraphen die Kausalität zugewiesen werden.

Man beginnt mit der Effortquelle, deren Kausalität feststeht und weist anschließend allen Speicherelementen integrale Kausalität zu. Danach kann man dem R-Element für die Dämpfung und dem Eingangsbond des Transformers aufgrund der erforderlichen Kausalität der 1-Junction, welche die Geschwindigkeit der Zahnstange repräsentiert, die gezeigten Kausalitäten zuweisen. Dies führt zur gezeigten Kausalität des Ausgangsbonds des Transformers, was nun zu einem Kausalitätskonflikt an der 1-Junction führt, welche die Geschwindigkeit des Ritzels repräsentiert. In einer Effort-Junction sind alle Flows gleich, d. h. es kann nur einen Floweingang geben. Die derzeitige Kausalitätszuweisung besitzt aber zwei Floweingänge, den vom Transformer kommenden und den des I-Elementes mit

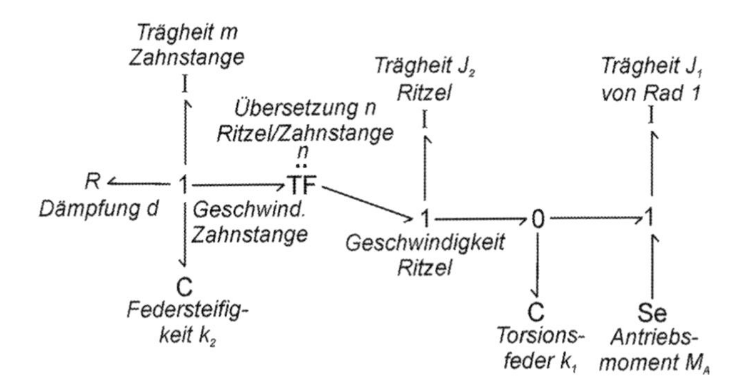

Abb. 5.24 Vereinfachter Bondgraph des mechanischen Vorschubsystems

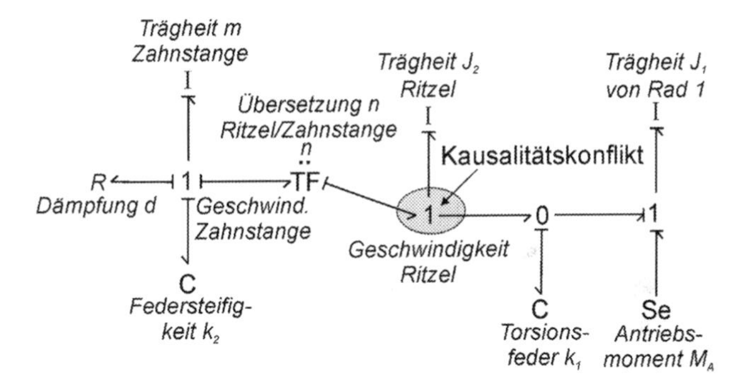

Abb. 5.25 Versuch der Zuweisung der Kausalitäten bei angenommener integraler Kausalität der Speicherelemente

integraler Kausalität. Dieser Konflikt ist nur lösbar, wenn man dem I-Element, das für die Trägheit des Ritzels steht, differentielle Kausalität zuweist.

Das Problem differentieller Kausalität eines Speicherelementes resultiert aus der Modellannahme, dass die Zahnstange und das Ritzel starre Körper sind und keine Energie bei der Übertragung des Antriebsmoments vom Ritzel auf die Zahnstange verloren geht. In der Realität werden aber die im Eingriff stehenden Zähne ein wenig verformt, sodass ein kleiner Energieanteil in die elastische Verformung fließt. Die für die Kombination Ritzel/Zahnstange stehenden Modellelemente sind der Transformer und die beiden I-Elemente, die für die Trägheiten

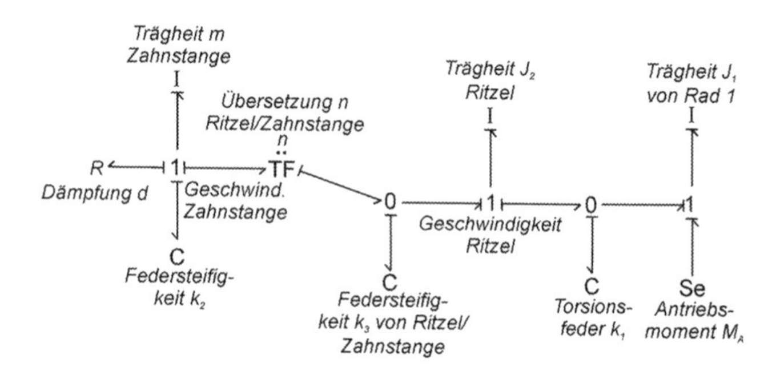

Abb. 5.26 Verbessertes Modell mit integraler Kausalität aller Speicherelemente

stehen. Ein Modellelement für die elastischen Eigenschaften des Teilsystems fehlt, da der ideale Transformer keine Energie speichern kann.

Elastische Eigenschaften können mit C-Elementen modelliert werden. Ein solches C-Element kann man nach oder auch vor dem Transformer einfügen.

Dies repräsentiert das elastische Verhalten der Verzahnung. In Abb. 5.26 ist ein solches zusätzliches C-Element mit der Federsteifigkeit k_3 mittels einer 0-Junction nach dem Transformer eingefügt worden. Danach ist eine konfliktfreie Kausalitätszuweisung möglich, bei der alle Speicherelemente integrale Kausalität besitzen.

Eine stärker an der Realität orientierte Modellierung führt daher oft zu Bondgraphen ohne Modellwidersprüche. Früher war man bemüht, Modelle sehr einfach zu halten, um die Erstellung des mathematischen Modells zu vereinfachen. Wir werden im nächsten Kapitel sehen, dass heute der Benutzer bei der Erstellung des mathematischen Modells aus einem Bondgraphen vollständig durch automatische Modellbildung des Simulationssystems entlastet wird und daher die Einfachheit des Modells nicht mehr im Vordergrund stehen muss.

6 Simulationssysteme

Der Vorgang der Modellbildung dynamischer Systeme dient letztendlich dazu, Vorhersagen über das zu erwartende Verhalten realer Systeme vornehmen zu können. Will man quantitative Vorhersagen machen, so ist immer ein mathematisches Modell erforderlich. Dies ist ein Satz von mathematischen Gleichungen, die eine Berechnung der Zustandsgrößen eines Systems zu einem beliebigen Zeitpunkt t ermöglichen. Das mathematische Modell ist im einfachsten Fall, wie beispielsweise bei der gleichförmigen Bewegung, eine einzelne algebraische Gleichung ($s = v \cdot t$). In der Regel wird ein reales System ein Modell in Form von mehreren algebraischen Gleichungen und Differentialgleichungen besitzen.

Bei anderen Modellbildungsmethoden muss man im Allgemeinen dieses mathematische Modell in Form der Systemgleichungen vorab ermitteln, um dann die Gleichungen mithilfe der numerischen Mathematik zu lösen. Die letzte Aufgabe übernimmt ein Simulationssystem. Die Rechenergebnisse kann man mit solchen Systemen dann auf verschiedenste Art tabellarisch oder grafisch darstellen.

Häufig werden zur Eingabe des Modells grafische Verfahren wie Blockschaltbilder oder Netzpläne benutzt. Ein typischer Vertreter solcher Simulationssysteme, die mit einem Blockschaltbild-Editor arbeiten, ist **Simulink**[1], das eine Untermenge des mathematischen Programmsystems **MatLab** ist. Hier muss man vorab, nach Erstellung des mathematischen Modells, noch ein grafisches Modell in Form des Blockschaltbildes entwickeln, das man dann mithilfe eines grafischen Editors eingeben kann. Abb. 6.1 zeigt das mit Simulink erstellte Blockschaltbild eines Einmassenschwingers. Schaut man sich die einzelnen Blöcke an, so entsprechen diese nicht den Bauelementen des realen Systems, sondern

[1]**MatLab** und **Simulink** sind Produkte der Fa. Scientific Computers GmbH.

W. Roddeck, *Bondgraphen,* essentials,
https://doi.org/10.1007/978-3-658-25921-1_6

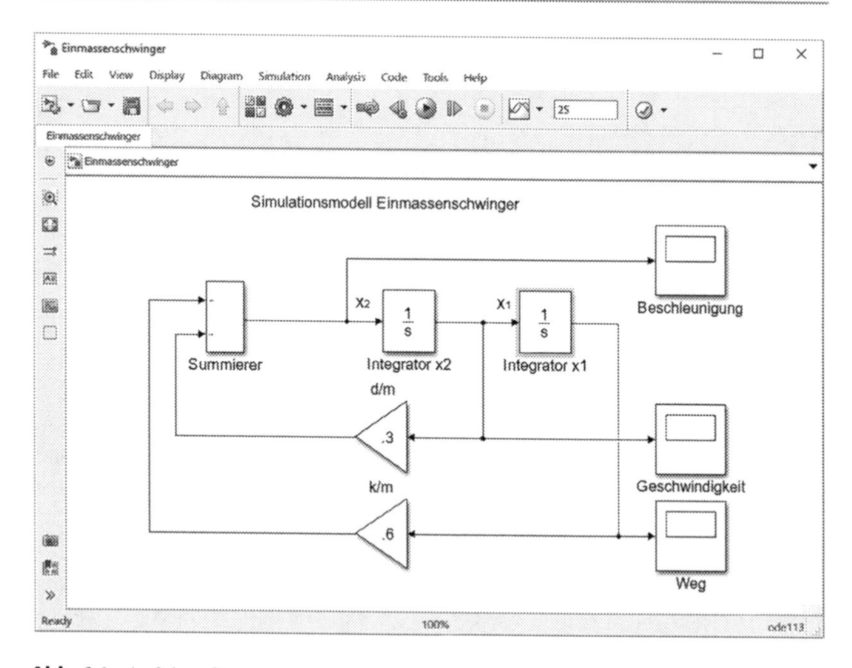

Abb. 6.1 Auf dem Simulationssystem Simulink erstelltes Blockschaltbild des Einmassenschwingers

enthalten Blöcke wie Integrierer, die zur Integration der Differential-Bewegungsgleichung des Einmassenschwinger-Modells dienen. Diese Art der Darstellung fördert nicht das intuitive Verständnis über das System und sein Verhalten. Das Simulationssystem berechnet dann das Systemverhalten und kann es beispielsweise als Funktionsgraphen darstellen. Abb. 6.2 zeigt ein mit dem Modell aus Abb. 6.1 erstelltes Diagramm des Wegverlaufes des Einmassenschwingers nach einer sprungförmigen Kraftanregung.

Wie im Kap. 5 beschrieben, können alle Elemente eines Bondgraphen durch einfache algebraische Gleichungen (R-, TF-, GY-Elemente und Junctions), oder durch Differentialgleichungen 1. Ordnung (I- und C-Elemente) beschrieben werden.

Außerdem stehen alle Bauelemente des Modells für Objekte des realen Systems die durch Leistungsflüsse verbunden sind. Daher kann man in einem Simulationssystem, das Bondgraphen verwendet, direkt das grafische Modell eingeben und das Simulationssystem generiert daraus automatisch das mathematische

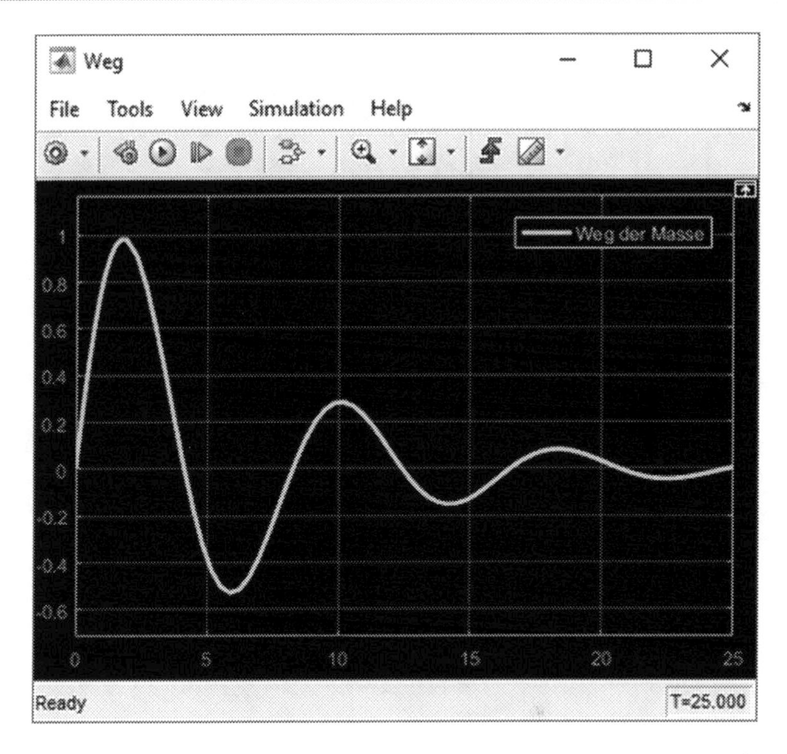

Abb. 6.2 Diagramm des simulierten Wegverlaufs eines Einmassenschwingers aus Simulink

Modell. Danach kann man sofort das Modell simulieren und entsprechende Auswertungen erstellen.

Ein typischer Vertreter solcher Simulationssysteme ist 20-sim, von dem schon in Abb. 5.5 und 5.6 die Modelleingabe und ein Simulationsergebnis gezeigt wurden. In Abb. 6.3 ist der Eingabebildschirm mit dem Grafikeditor dargestellt. Im linken Fenster werden die Elemente von Bondgraphen in einer Bibliothek angeboten und können durch „drag and drop" direkt in das Editorfenster rechts hineingezogen werden. Ein Verbindungstool ermöglicht die Bauelemente durch Leistungs- oder Informationsbonds miteinander zu verbinden. In Abb. 6.3 ist der Bondgraph eines Einmassenschwingers enthalten, der als Modellelemente alle körperlichen Bauteile des realen Systems enthält. Daher erlaubt das Simulationssystem auch eine direkte Eingabe der physikalischen Komponenten

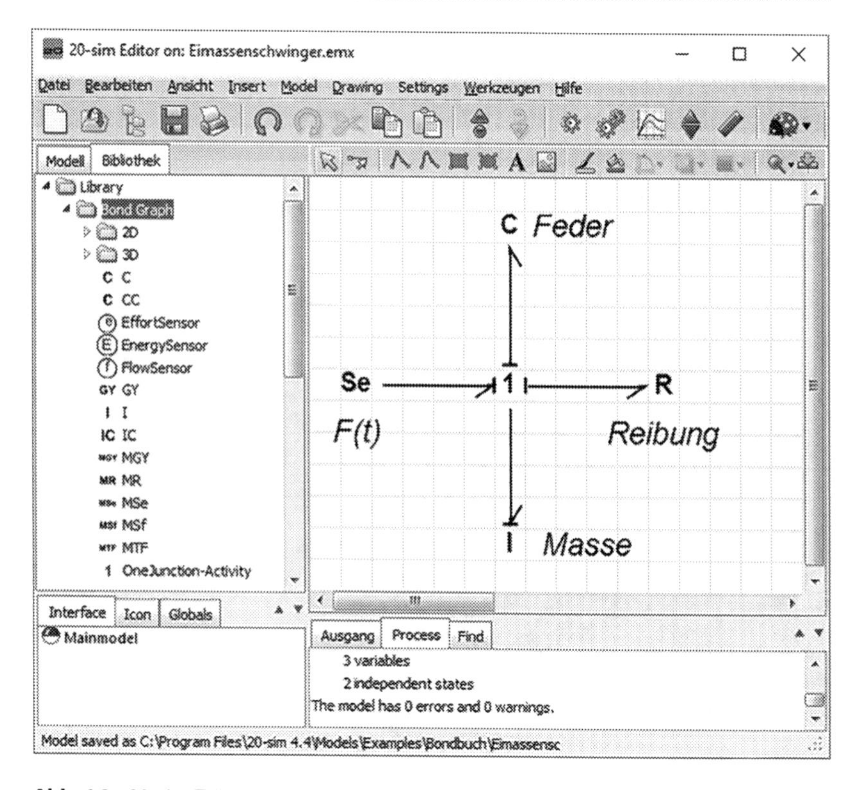

Abb. 6.3 20-sim Editor mit Bondgraphen-Modell des Einmassenschwingers

als sogenannte „Icons". Abb. 6.4 zeigt ein solches mit 20-sim erstelltes Modell eines Serienschwingkreises. Man kann also Simulationsergebnisse erhalten, ohne überhaupt etwas über das mathematische Modell zu wissen, weil man beispielsweise ausgehend von einem elektrischen Schaltplan direkt das Modell durch Verbindung der benötigten physikalischen Bauelemente erstellen kann. Diese kann man aus dem links im Bild dargestellten Bibliotheksfenster ebenso durch „drag and drop" in das rechte Editorfenster ziehen und mit einem Verbindungstool verbinden.

Abb. 6.5 zeigt ein mit 20-sim erstelltes Simulationsergebnis des Einmassenschwingers aus Abb. 6.3. Hier ist der Verlauf des Weges der Masse nach einer sprungförmigen Anregung, sowie der Verlauf der Geschwindigkeit dargestellt.

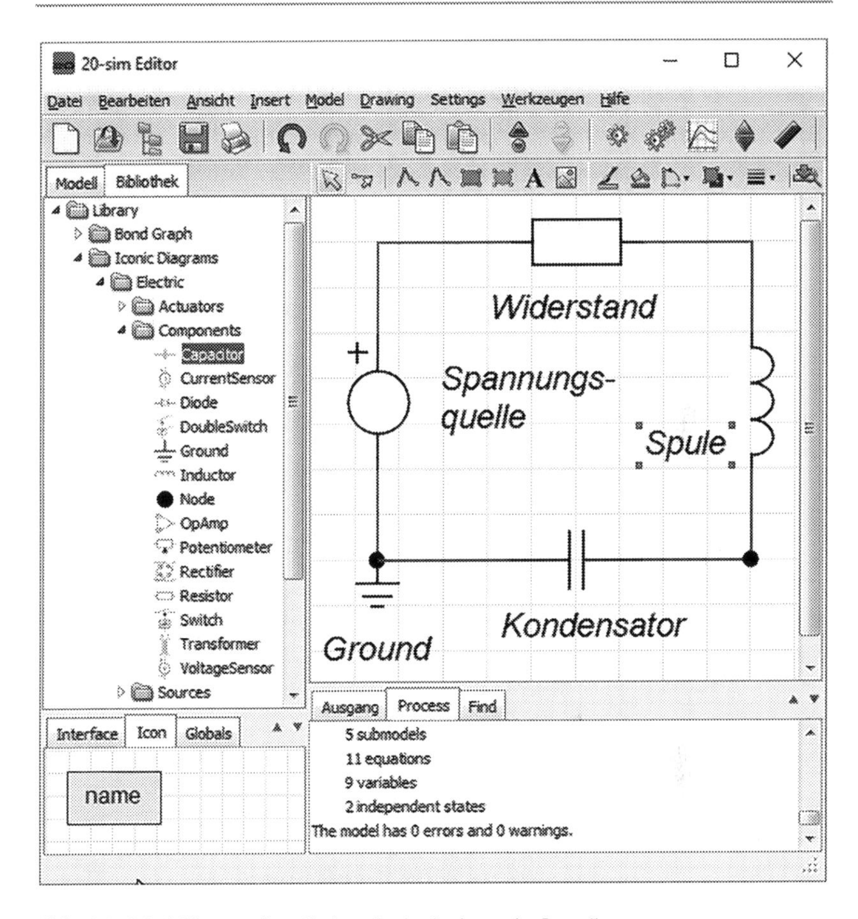

Abb. 6.4 Modellierung eines Serienschwingkreises mit „Icons“

Alle Modelle, die mit dem Simulationssystem 20-sim erstellt werden, werden automatisch in Gleichungen der Modelliersprache *SIDOPS+* umgesetzt. Daher kann man Zusammenhänge wie Nichtlinearitäten oder unstetige Funktionen, die nicht direkt als grafisches Modell eingegeben werden können, zusätzlich direkt in dieser Programmiersprache formulieren und in das Modell einfügen. Mithilfe dieser Eingabemöglichkeiten können alle denkbaren Modelle physikalischer Systeme formuliert und deren Eigenschaften getestet werden. Das Programmsystem 20-sim kann zu Erprobungszwecken von der Webseite www.20sim.com

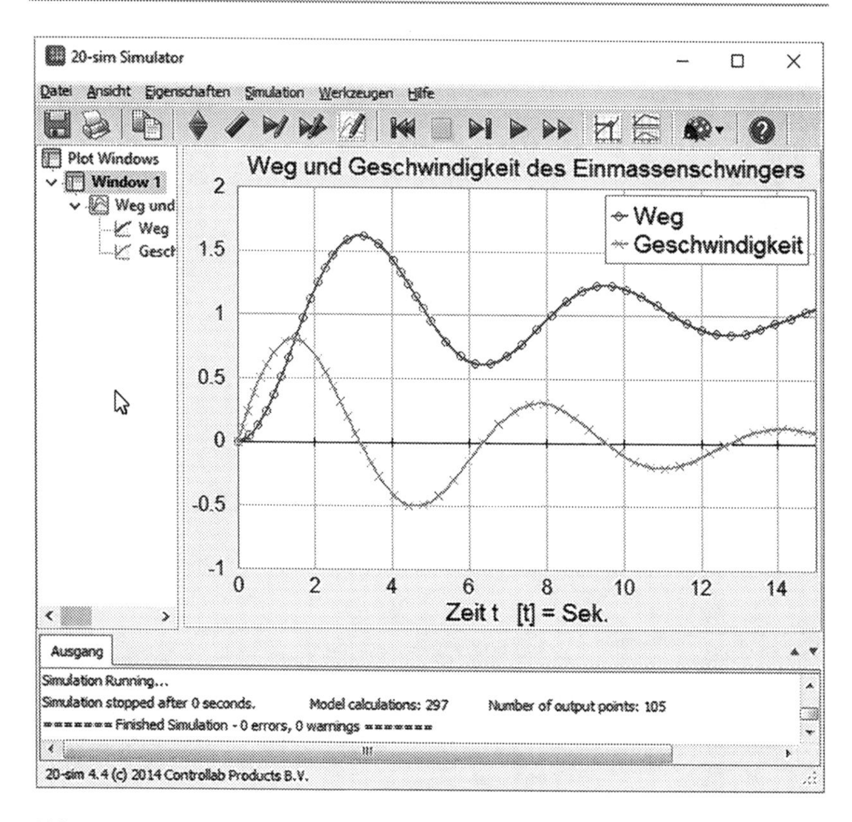

Abb. 6.5 Simulationsergebnis des Einmassenschwingers

heruntergeladen werden. Mit dieser Version können alle Modelle erprobt und Beispiele ausgeführt, jedoch eigene Modelle nicht gespeichert werden.

Beispiel Pkw-Antriebsstrang

7

Im Kap. 3 (Abb. 3.2) war ein Wort-Bondgraph des Antriebsstrangs eines Pkw vorgestellt worden. Dabei wurde festgestellt, dass man hieraus noch nicht direkt ein mathematisches Modell ableiten kann, da unklar ist, welchen mathematischen Gesetzmäßigkeiten Objekte wie Kupplung, Getriebe oder Antriebswelle unterliegen. Daraus ergab sich die Notwendigkeit, komplexere Bauelemente in grundlegende Bauelemente mit bekannten Gesetzmäßigkeiten zu zerlegen. Diese grundlegenden Bauelemente wurden in Kap. 4 behandelt. Im Folgenden wird am Beispiel gezeigt, wie man die Objekte des Wort-Bondgraphen durch solche grundlegenden Objekte von Bondgraphenmodellen ersetzt.

In Abb. 7.1a) ist dieser Wort-Bondgraph nochmals dargestellt. Im Abb. 7.1b) ist dies mithilfe von 20-sim vorgenommen worden. Dieses Modell ist natürlich nur sehr einfach gestaltet und vernachlässigt viele Einflüsse, die für exaktere Modellaussagen berücksichtigt werden müssten. Der Motor wird durch eine modulierbare Effortquelle modelliert, deren Antriebsmoment auf die Motorträgheit wirkt. Reibung im Motor ist von untergeordneter Bedeutung und wurde vernachlässigt. Die Kupplung wurde als modulierbarer Widerstand modelliert, der durch das Kupplungspedal moduliert wird.

Im Abb. 7.2 ist die Wirkungsweise dieses Modellteils aus Motor und Kupplung dargestellt. Der obere Bildteil zeigt den Verlauf des Motormomentes, das sinusförmig an- und abschwillt. Im unteren Bildteil ist der Verlauf des Drehmomentes am Ausgang der Kupplung dargestellt. Der Parameter n des Modellelementes der Kupplung wurde von $n = 0{,}01$ bis $n = 100$ variiert. Bei $n = 100$ wird das Motordrehmoment unverändert durch die Kupplung geleitet. Bei $n = 5$ schleift die Kupplung schon etwas und das Ausgangsdrehmoment wird kleiner. Dieser Effekt verstärkt sich mit kleiner werdendem Wert von n und bei $n = 0$

W. Roddeck, *Bondgraphen,* essentials,
https://doi.org/10.1007/978-3-658-25921-1_7

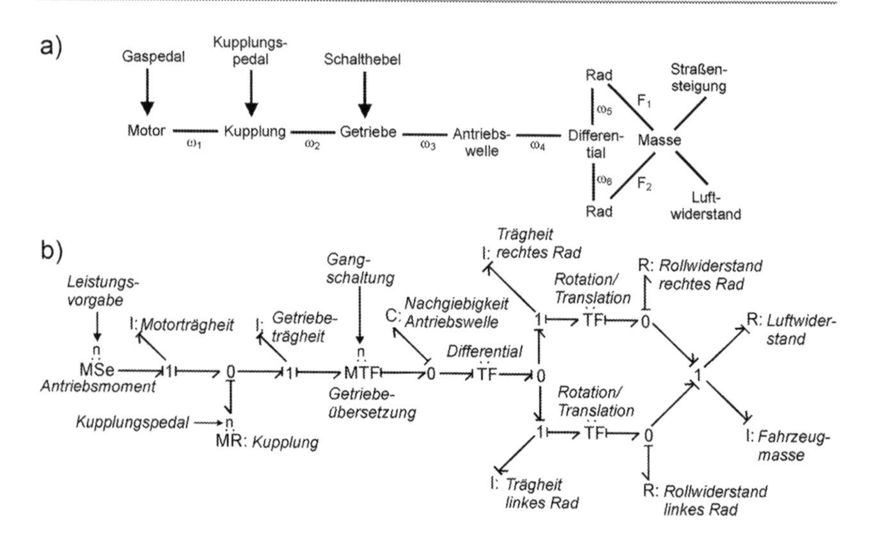

Abb. 7.1 Modell des Antriebsstrangs eines Pkw **a)** Wort-Bondgraph **b)** Bondgraph mit Standardelementen erstellt mit 20-sim

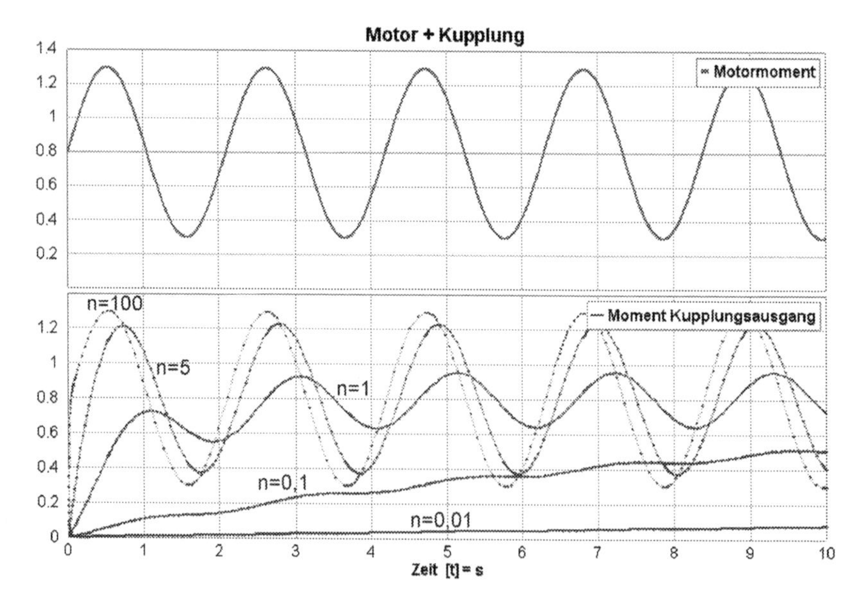

Abb. 7.2 Simulationsergebnisse des Teilbereichs aus Motor und Kupplung

würde das Ausgangsdrehmoment auf den Wert Null sinken, was dem Durchtreten des Kupplungspedals entspricht.

Das Getriebe wird als modulierbarer Transformer MTF mit einer Getriebeträgheit modelliert. Der Transformerfaktor n kann über den Informationsbond von der Gangschaltung verändert werden. Reibung wird hier ebenfalls vernachlässigt. Die Antriebswelle ist ein masseloses, nachgiebiges C-Element, das Differential ein masseloses, starres Element mit den Eigenschaften eines Transformers. Die Antriebsräder besitzen Drehträgkeit, sind aber ebenfalls Starrkörper, auf die der Rollwiderstand der Straße in Form von zwei R-Elementen wirkt. Für den Rollwiderstand eines Rades, das ist die beim Abrollen entstehende Reibkraft, gilt:

$$F_{\mathrm{R}} = c_{\mathrm{R}} \cdot F_{\mathrm{N}}$$

Hierin ist F_{N} die auf der Auflagefläche des Rades wirkende Normalkraft und c_{R} der Rollwiderstandskoeffizient. Dieser hängt von der Materialpaarung und von der Radgeometrie ab. Sein Einfluss ist vor allem bei niedrigen Geschwindigkeiten erheblich und muss deshalb modelliert werden.

Da die Fahrzeugmasse sich translatorisch bewegt, die Antriebsräder aber rotieren, enthält das Modell zwei Transformer für die Umwandlung der Rotation in Translation. Die Translationsbewegung wird dann noch durch den Luftwiderstand gehemmt, der als modulierbares R-Element modelliert ist. Die Kraft, die durch den Luftwiderstand ausgeübt wird, lässt sich nach der Beziehung

$$F_{\mathrm{L}} = c_{\mathrm{W}} \cdot A \cdot v^2$$

berechnen. Darin sind c_{w} der dimensionslose Luftwiderstandsbeiwert, A eine definitionsabhängige Referenzfläche (z. B. die Querschnittsfläche) und v die Bewegungsgeschwindigkeit. Vor allem bei höheren Geschwindigkeiten wird diese Bewegungshemmung ausschlaggebend, da ihre Größe quadratisch mit der Translationsgeschwindigkeit ansteigt. Eine wichtige Größe für das Fahrzeugdesign ist dabei der Luftwiderstandsbeiwert, da man im Wesentlichen über diesen die Bewegungshemmung beeinflussen kann. Er beträgt beispielsweise bei einer Rechteckplatte $c_{\mathrm{w}} = 2$ und bei einem stromlinienförmigen Tropfen $c_{\mathrm{w}} = 0{,}05$. Da der Luftwiderstand von der Effortgröße „Translationsgeschwindigkeit“ abhängt, wird der R-Wert durch diese Geschwindigkeit moduliert.

In Abb. 7.3 sind Simulationsergebnisse für realistische Annahmen der Fahrzeugparameter dargestellt.

In den Diagrammen ist der Simulationszeitraum $t = 0$–10 s dargestellt. Zu Simulationsbeginn steigt die Drehzahl am Getriebeausgang verzögert an. Die Fahrzeuggeschwindigkeit steigt dadurch schnell an, da bei geringer Geschwindigkeit nur der konstante Rollwiderstand die Bewegung hemmt. Der Luftwiderstand

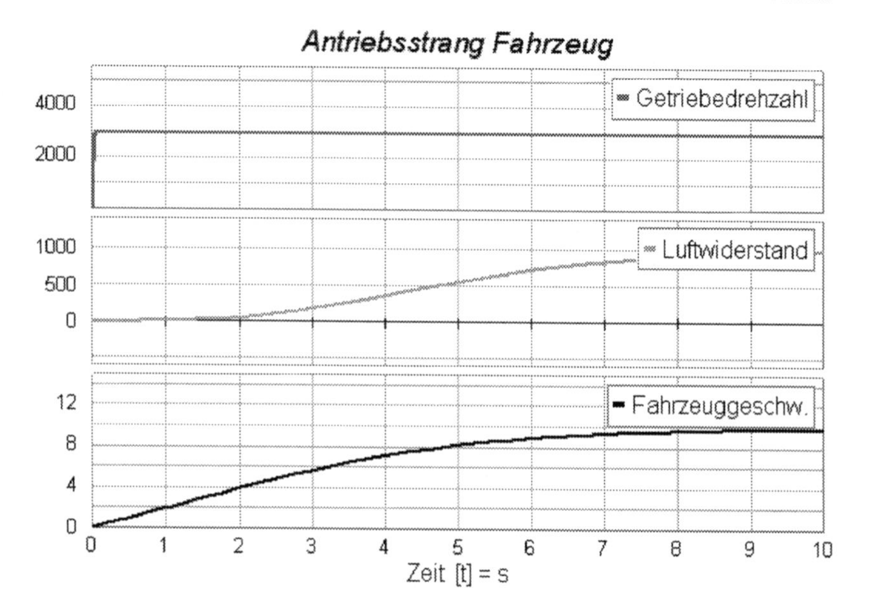

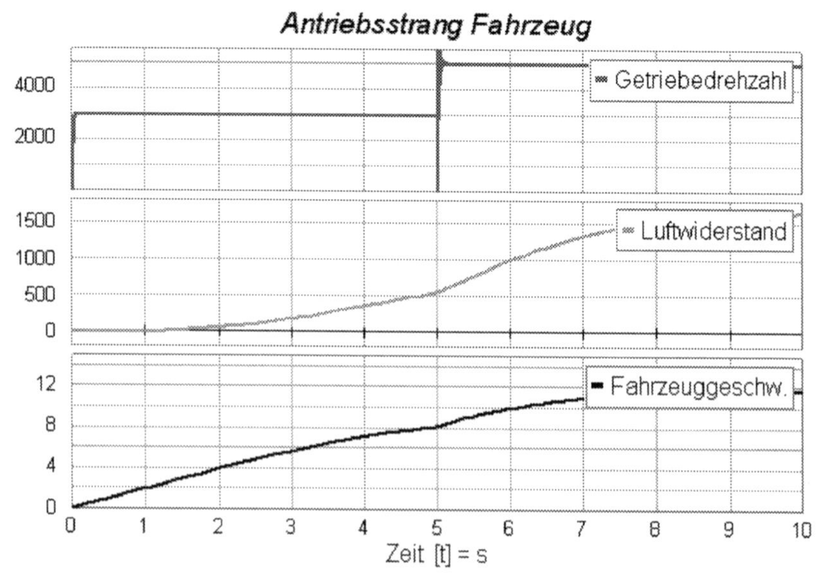

Abb. 7.3 Simulationsergebnisse des Antriebsstrangs ohne und mit Schaltvorgang des Getriebes

spielt zu Anfang noch keine Rolle. Nach ca. 2 s. sieht man, dass mit zunehmender Geschwindigkeit der Luftwiderstand stark ansteigt (quadratisch) und dass sich dadurch die Fahrzeuggeschwindigkeit einem Endwert von $v_{max} \approx 10$ m/s asymptotisch annähert.

Dann ist der Luftwiderstand so groß, dass keine weitere Beschleunigung mehr möglich ist und der Luftwiderstand nimmt ebenfalls seinen Endwert an. Zur weiteren Steigerung der Geschwindigkeit müsste nun die Antriebsdrehzahl erhöht werden. Im unteren Bildteil passiert dies zum Zeitpunkt $t = 5$ s. Hier wird durch Getriebeumschaltung die Getriebedrehzahl erhöht, wodurch die Fahrzeuggeschwindigkeit weiter zunimmt. Da nun aber der Luftwiderstand weiter quadratisch ansteigt, tritt wieder eine asymptotische Annäherung an eine Endgeschwindigkeit von $v_{max} \approx 12$ m/s ein. Dieses Simulationsverhalten entspricht ganz gut tatsächlichem Fahrverhalten eines Pkw, sodass das einfache Modell des Antriebsstrangs schon brauchbare Ergebnisse liefert.

8 Schlussbetrachtung

Die klassische Modellbildungsmethode dynamischer Systeme, die sich im Bereich der Regelungstechnik entwickelt hat, erfordert ein hohes Maß an mathematischen Kenntnissen. Das mathematische Modell wird in der Regel dort im Bildbereich der Laplace-Transformation erstellt und ist nicht objektorientiert. Daher ist es für den Anwender erforderlich, vor der Eingabe in ein Simulationssystem das mathematische Modell zu erstellen.

Ein Modell in Form eines Wort-Bondgraphen kann objektorientiert intuitiv, direkt anhand des Systems und seiner Subsysteme, erstellt werden. Die Modellelemente werden durch Leistungsflüsse untereinander verbunden. Wort-Modelle kann man dann mit Kenntnis der wichtigsten Basis-Modellelementen des Bond-Graphen verfeinern, wobei es keine Einschränkungen bezüglich der Linearität der Systeme gibt. Den Bondgraphen kann man ohne Kenntnis des mathematischen Modells direkt in ein grafisches Simulationssystem eingeben, das automatisch das mathematische Modell generiert. Die Objektorientierung unterstützt sehr gut die Anschaulichkeit des Modells und erleichtert das Systemverständnis des Anwenders. Insbesondere in der Mechatronik, in der häufig Multidomänen-Systeme zu modellieren sind, bietet daher diese Methode große Vorteile.

W. Roddeck, *Bondgraphen,* essentials,
https://doi.org/10.1007/978-3-658-25921-1_8

Was Sie aus diesem *essential* mitnehmen können

- Sie sehen möglicherweise unsere Welt mit ganz neuen Augen und haben erkannt, dass alle physikalischen Systeme und Prozesse im Grunde dynamisch sind.
- Sie wissen, dass für jede quantitative Vorhersage des Verhaltens eines dynamischen Systems ein mathematisches Modell erforderlich ist
- Da die moderne Methode der Modellbildung mit Bondgraphen objektorientiert ist, fällt es Ihnen leicht, dynamische Prozesse zu verstehen und zu modellieren
- Mit der Kenntnis der grundlegenden Elemente eines Bondgraphen gelingt es problemlos aus einem Wort-Modell den Bondgraphen zu erstellen
- Sie können mithilfe des vorgestellten Simulationssystems 20-sim selber physikalische dynamische Systeme untersuchen

W. Roddeck, *Bondgraphen*, essentials,
https://doi.org/10.1007/978-3-658-25921-1

Literatur

Roddeck, W.: Grundprinzipien der Mechatronik, 2. Aufl. Springer Vieweg, Wiesbaden (2017)

Karnopp, D.C., Margolis, D.L., Rosenberg, R.C.: System Dynamics, Modeling, Simulation and Control of Mechatronic Systems, 5. Aufl. Wiley, New Jersey (2012)

Das, Shuvra: Mechatronics Modeling and Simulation Using Bond Graphs. CRC Press, USA (2009)

Borutzky, W.: Bond Graph Methodology, Development and Analysis of Multidisciplinary Dynamic Systems. Springer, London (2010)

Kramer, U.: Kraftfahrzeugführung, Modelle-Simulation-Regelung. Hanser, München (2008)

W. Roddeck, *Bondgraphen,* essentials,
https://doi.org/10.1007/978-3-658-25921-1

Printed in the United States
By Bookmasters